非氰提取金银技术

崔毅琦　著

北　京
冶金工业出版社
2019

内 容 提 要

本书分上下两篇共 14 章，上篇，非氰浸出技术，包括氰化提金技术、硫脲提金技术、卤素及其化合物提金技术、氨性硫代硫酸盐提金技术；下篇，无氨硫代硫酸盐法浸出硫化银矿，包括从硫化银矿中提取银的研究现状、无氨硫代硫酸盐法浸出硫化银的热力学、纯硫化银的溶解和贵液的回收工艺、无氨硫代硫酸盐法浸出硫化银的动力学、硫代硫酸盐溶液的电化学行为、无氨硫代硫酸盐浸出硫化银的反应机理和硫化银矿浸出实践。

本书适合于从事矿物加工、湿法冶金、金银提取等领域的工程技术人员使用，也可供相关科研人员和大专院校有关师生参考。

图书在版编目（CIP）数据

非氰提取金银技术 / 崔毅琦著 . —北京：冶金工业出版社，2019.4

ISBN 978-7-5024-8088-2

Ⅰ.①非… Ⅱ.①崔… Ⅲ.①金—提取冶金 ②银—提取冶金 Ⅳ.①TF830.3

中国版本图书馆 CIP 数据核字（2019）第 077365 号

出 版 人 谭学余
地　　址 北京市东城区嵩祝院北巷 39 号 邮编 100009 电话 (010)64027926
网　　址 www.cnmip.com.cn 电子信箱 yjcbs@cnmip.com.cn
责任编辑 郭冬艳 美术编辑 郑小利 版式设计 禹 蕊
责任校对 郑 娟 责任印制 牛晓波
ISBN 978-7-5024-8088-2
冶金工业出版社出版发行；各地新华书店经销；三河市双峰印刷装订有限公司印刷
2019 年 4 月第 1 版，2019 年 4 月第 1 次印刷
169mm×239mm；11 印张；215 千字；164 页
55.00 元

冶金工业出版社 投稿电话 (010)64027932 投稿信箱 tougao@cnmip.com.cn
冶金工业出版社营销中心 电话 (010)64044283 传真 (010)64027893
冶金工业出版社天猫旗舰店 yjgycbs.tmall.com
（本书如有印装质量问题，本社营销中心负责退换）

前　言

氰化法因工艺简单、稳定性好、贵液回收容易等优点，自发明以来一直在世界黄金工业中占主导地位。但是，氰化物为剧毒化合物，对环境并不友好，2016 年 8 月 1 日更新的《国家危险废物名录》将氰化浸金尾渣定为"危险废物"，需要经过严苛的处理才能排放。另外，氰化法浸出含有铜、砷、碳、锑的金矿难以获得理想效果。随着人们对环保的日益重视和易处理矿石的日益减少，开发高效、绿色的非氰浸出剂已成为金银提取领域的研究热点。

目前，研究较多的非氰浸出剂有硫脲、卤化物、石硫合剂和硫代硫酸盐等。这些试剂浸出速率快、毒性低，但也存在一些问题，例如硫脲的稳定性不高、氯化物选择性较差、碘化物价格昂贵等，并且，对于从以上浸出贵液中回收金银的研究极少，工业实施缺乏相应的理论依据。硫代硫酸盐是最有可能取代氰化物的提金试剂，氨性硫代硫酸盐溶液相对低毒，对环境的影响较小；其次，硫代硫酸盐提金基本不受含铜、有机碳和硫化矿物的影响，对于难处理矿石仍可获得较满意的回收率。当然，氨性硫代硫酸盐法也有不足之处，溶液体系复杂、试剂消耗量大、贵液中金属难以回收，这些都制约了该方法的工业化应用。

针对氨性硫代硫酸盐法存在的问题，本书介绍了一种无氨硫代硫酸盐浸出硫化银矿的新方法，该方法不使用氨以及任何形式的铵盐，避免了由氨或铵盐所带来的不利影响，具有低消耗、高效率、环境友好、易于回收等特点。通过热力学计算、浸出工艺研究，结合电化学、溶液化学、动力学研究及 SEM 和 XPS 等测试手段分析了无氨硫代硫酸盐法提取硫化银矿的反应机理。

　　热力学研究表明，在硫代硫酸盐溶液中，铜（Ⅰ）离子和银（Ⅰ）离子可与硫代硫酸根形成稳定的络离子存在于水溶液中，硫代硫酸铜络离子与 Ag_2S 的反应在热力学上是可行的。

　　硫化银浸出研究表明，在一定的工艺条件下，硫化银的溶解率可达 96.50%，硫代硫酸根浓度、铜离子与硫代硫酸根离子的比例、Ag_2S 粒度、搅拌速度、反应温度及反应时间都会在一定程度上影响硫化银的溶解率。锌粉可有效置换贵液中的银，置换率达 99.31%，银的总回收率为 95.83%。

　　动力学研究和分析测试表明，Ag_2S 在无氨硫代硫酸盐体系中的溶解分为两个阶段：第一阶段，铜离子部分取代硫化银中的银，此过程受化学反应和溶液扩散混合控制；第二阶段，铜离子取代剩余的银离子，此过程受内扩散控制。

　　无氨硫代硫酸盐溶液浸出硫化银浮选银精矿的实践也表明，该浸出体系能有效浸出浮选精矿中的银，选择合适的工艺参数银的浸出率均可达 90% 以上，而 Pb、Zn、Fe、Sb 等矿物不溶解于浸出溶液。相较于氰化法，无氨硫代硫酸盐法浸出硫化银矿具有无毒环保、回收率高、选择性好等优点，药剂消耗量较高的问题可通过改进工艺流程的方法解决。

　　本书分上下两篇共 14 章：上篇非氰浸出技术，包括氰化提金技术、硫脲提金技术、卤素及其化合物提金技术、石硫合剂提金技术和硫代硫酸盐法提金的研究现状；下篇无氨硫代硫酸盐法浸出硫化银矿，包括从硫化银矿中提取银的研究现状、无氨硫代硫酸盐法浸出硫化银的热力学研究、硫化银的溶解和贵液的回收工艺研究、无氨硫代硫酸盐法浸出硫化银的动力学研究、硫代硫酸盐溶液的电化学行为研究、无氨硫代硫酸盐浸出硫化银的反应机理研究和硫化银矿浸出实践。

　　本书内容所涉及的研究得到了复杂有色金属资源清洁利用国家重点实验室、金属矿尾矿资源绿色综合利用国家地方联合工程研究中心的支持和国家自然科学基金项目（51664028、51104077）的资助。本书的编写得到了昆明理工大学童雄教授、董鹏副教授的指导和帮助，同时，昆明理工大学吕晋芳、孟奇、何建、贺俊傲、蔡鑫等人在此书编写过程中协助查阅文献资料等，在此一并表示衷心的感谢。

　　由于作者水平有限，书中不当之处，敬请读者批评指正。

作　者

2018 年 12 月于昆明

目　　录

✿ 上篇　非氰浸出技术 ✿

❀ 下篇　无氨硫代硫酸盐法浸出硫化银矿 ❀

非氰浸出技术

1 氰化提金技术

1.1 氰化法的发展历史

氰化法是以碱金属氰化物的水溶液做溶剂，浸出矿石中的贵金属，然后将贵金属从溶液中提取出来的方法。早在 1783 年，瑞典的席莱就发现金可溶于氰化物溶液，但是，氰化法提取贵金属应用于工业生产是在 1887～1888 年间由麦克阿瑟与福雷斯特兄弟获得专利后开始推广的。氰化法于 1889 年首先在新西兰克朗矿进行生产试验，此后该工艺迅速扩展，1891 年应用于墨西哥、美国的一些矿山。南非德兰矿金品位低，以细粒嵌布于硬岩中，难以回收。氰化法应用于该矿后，金的回收率从原来的 70% 提高到 95%，挽救了日益下滑的企业。在 20 世纪 60 年代之前，氰化浸出法在工业上的都采用槽浸，直到 1971 年，世界上第一家工业规模的金堆浸场在美国内华达州投产，氰化堆浸法开始用于处理低品位矿石。

氰化法发展至今，已提出很多从溶液中回收贵金属的技术。最初，从氰化矿浆中回收金的流程是：先进行矿浆洗涤，然后进行贵液的澄清、除气，接着用锌粉置换法从澄清的贵液中沉淀金，此方法一直沿用至今。20 世纪 60 年代以来发展起来的炭浆法（CIP）和炭浸法（CIL），通过向矿浆中加入活性炭吸附金氰络离子。随着对离子交换剂应用的研究，人们开始采用离子交换树脂（树脂矿浆法 RIP 和 RIL）从氰化液或氰化矿浆中吸附金。利用溶剂萃取从氰化液中提金在近些年也取得了一定的研究进展，异戊醇、烷氧基磷酸酯可分别从酸性和碱性溶液中萃取金，实现金与砷、铁等杂质的分离[1]。

1.2 氰化物的性质

氰化物是指带有氰基（CN）的化合物，其中的碳原子和氮原子通过叁键相连接，这一叁键给予氰基以相当高的稳定性，使之在通常的化学反应中都以一个整体存在。氰化物根据分子结构可以分为两类：一类为无机氰，如氢氰酸、氰化钠、氰化钾等；另一类为有机氰或腈，如丙烯腈、乙腈等。在黄金企业中广泛应用的主要是无机氰化物，如氰化钠和氰化钾，在浸出过程中常加入大量 CaO 作为保护碱，防止氰化物水解为氢氰酸气体挥发出来，所以在黄金生产中会产生大量的高浓度含氰废水、废渣。氰化物具有毒性，对环境很不友好，因此，人们对氰化物污染问题非常重视。

氰化物进入水体会给水生物带来严重破坏，其毒性与水的 pH 值、溶解氧及其他金属离子的存在情况有关。一般情况下，当水中氰化物产生的氰离子（CN^-）浓度达到 0.01mg/L 时，就能使浮游生物和甲壳类生物死亡；对于鱼类，CN^- 致死量为 0.04~0.1mg/L。即使是铁氰酸盐和亚铁氰酸盐等低毒性氰化物复盐大量排入水中后，经过阳光照射和其他条件的配合也会分解释放出相当数量的游离氰根，导致水生物中毒死亡。此外，含氰废水还会造成农业减产、牲畜死亡等。对人类来说，氰化物能经口、呼吸道或皮肤进入人体，致死量仅为 0.15~0.2g 左右[2]。氰化物一旦进入胃内，在胃酸的作用下，会立即水解为氢氰酸进入血液，细胞色素氧化酶中的 Fe^{3+} 与血液中的氰根结合，生成氰化高铁细胞色素氧化酶，使 Fe^{3+} 丧失传递氧的能力，造成呼吸链中断，细胞窒息死亡。

1.3 氰化废水、废渣对环境的污染

氰化物对环境的污染主要指含氰废水外排所造成的河流（地面水）、饮用水（地下水）、土壤的污染。含氰废渣在碱性条件下一般不会对大气环境造成损害，但是随着时间的推移，含氰废渣中的氰化物会渗入土壤和地下水中，最终造成土壤、植被、地下水甚至周边河流的污染[3]。

1.3.1 氰化废水

氰化提金过程中会产生大量含氰废水，如氰化贫液、洗矿废水、尾矿浆等。根据矿石组成和生产工艺条件，氰化提金废水中主要化学成分为：CN^-，SCN^-，$Au(CN)_2^-$，$Ag(CN)_2^-$，$Cu(CN)_4^{2-}$，$Fe(CN)_4^{2-}$，$Ni(CN)_4^{2-}$，$Zn(CN)_4^{2-}$ 等，其中的氰含量远远超过国家允许的 0.5mg/L 排放标准。含氰废水存贮不当会造成废水渗漏，污染周围地下水，给人畜带来严重危害；如果未经处理直接排放，将严重地污染水资源。有些小矿山和个体淘金者将氰化废水直接排入江河湖海中，对水生生态系统中的浮游动物群、底栖生物群、鱼群，以及下游的居民造成极为严重的后果。

从上海、石家庄、山东等地调查发现，不同的农作物对氰化物的耐受程度不同，实践表明，用含 80mg/L 氰化物的污水灌溉农田，对农作物生长影响不大，

但其果实是否含有氰化物、地下水是否受到污染、污染程度如何，都有待进一步研究。目前，国内外黄金科研工作者在不断研究氰化废水的净化技术，在发展经济的同时，也保护地球生态环境。

1.3.2 氰化废渣

2006 年经青海省环保部门检测，氰化提金废渣中氰化物平均含量（以 CN⁻ 计）高达 18mg/L，超出国家工业废渣排放标准（氰化物含量 5mg/L）3 倍以上，氰的污染情况远远超过环境的自净化能力，成为周边环境安全的重大隐患，给周边人群身体健康和动植物生长带来危害。

2016 年 8 月 1 日，新《国家危险废物名录》将采用氰化物进行黄金选矿过程中产生的氰化尾渣定为"危险废物"。2018 年 1 月 1 日起施行的《中华人民共和国环境保护税法》规定，对危险废物征收 1000 元/吨的环境保护税。黄金行业生产工艺不同于其他行业的最大特征是尾渣产率接近 100%。我国黄金行业每年氰化尾渣产生量约 1 亿吨。若按 1000 元/吨的标准对其征收环境保护税，黄金行业每年需缴纳 1000 亿元的税款。目前，我国金矿平均品位为 2~3g/t，黄金行业所获取利润总额远不足以缴纳环保税。

在技术上，氰化尾渣脱氰处理方法包括臭氧氧化法、因科法、固液分离洗涤法、自然降解法、高温水解法等，传统的臭氧氧化法、二氧化硫-空气法等化学方法处理氰化尾渣时，不同程度地存在工艺流程复杂、投资及运行成本高、人工操作要求苛刻、氰化物脱除不彻底等难题。辽宁新都黄金有限责任公司采用"氰化尾矿 WAST 非均相治理技术"，利用含有高浓度二氧化硫的冶炼烟气对氰化尾矿进行无害化处理，使尾渣达到一般工业固体废物要求，可直接外售，创造效益的同时也为企业解决了库容问题，实现了尾气达标排放。山东黄金精炼厂采用洗涤压滤法，通过 0.7 倍水在线洗涤过滤，滤饼含水率 11%，清洗后的尾渣中总氰含量从 2371mg/L 降低到 2.32mg/L，直接达到一般固废排放标准，洗涤脱氰率达 99.5%。

当前一些发达国家黄金企业利用无害化处理技术，已经实现了氰化尾渣井下充填，如澳大利亚的顶峰金矿、卡若纳·贝勒金矿等。以顶峰金矿为例，含氰尾矿充填砂浆含氰浓度在低于 50mg/L 的情况下，可以进行井下采空区充填作业，其渗出液经矿井涌水稀释后能够达到澳大利亚环保标准。

1.4 氰化法的局限性

一百多年来，氰化法因工艺简单、稳定性好的优点在世界黄金工业中一直占主导地位，但是，氰化法处理含铜、铁、砷、锑及碳的金矿石却难以获得理想的浸出效果。

1.4.1 含铜金矿

含铜金矿是常见的难处理金矿石之一，在普通氰化条件下，金属铜和次生硫化铜矿、氧化铜矿（如蓝铜矿、赤铜矿、辉铜矿、孔雀石）都能够完全且迅速地溶解于氰化溶液中，严重干扰金的浸出和回收过程[4]。

含铜矿物对氰化浸金的影响主要体现在以下三个方面：

第一，含铜矿物的氧化溶解会消耗大量的游离氰根离子和溶解氧，而这也是氰化浸金的关键因素，浸出液中游离氰根和溶解氧浓度的降低会导致金的溶解速率降低，增加氰化提金的成本。表1-1列出了常见铜矿物在氰化液中的溶解率。

表1-1 一些铜矿物在氰化液中的溶解率

矿物名称	组 分	溶解率/%	
		23℃	45℃
黄铜矿	$CuFeS_2$	5.6	8.2
硅孔雀石	$CuSiO_3$	11.8	15.7
黝铜矿	$4Cu_2S \cdot SbS_3$	21.9	43.7
硫砷铜矿	$3CuS \cdot As_2S_5$	65.8	75.1
斑铜矿	$FeS \cdot 2Cu_2S \cdot CuS$	70.0	100.0
赤铜矿	Cu_2O	85.5	100.0
金属铜	Cu	90.0	100.0
辉铜矿	Cu_2S	90.2	100.0
孔雀石	$CuCO_3 \cdot Cu(OH)_2$	90.2	100.0
蓝铜矿	$2CuCO_3 \cdot Cu(OH)_2$	94.5	100.0

注：将各种铜矿分别磨碎至-0.15mm（100目），与-0.15mm的石英砂配置成含铜0.2%的试样，于0.1%NaCN液中浸出24h，固体物料质量占比9%。

单质铜和辉铜矿能快速溶于氰化物溶液：

$$2Cu + 6CN^- + 2H_2O =\!=\!= 2Cu(CN)_3^{2-} + 2OH^- + H_2 \qquad (1-1)$$

$$2Cu_2S + 4CN^- =\!=\!= 2S^{2-} + 2Cu_2(CN)_2 \qquad (1-2)$$

$$Cu_2(CN)_2 + 2S^{2-} + 2H_2O + O_2 =\!=\!= Cu_2(CNS)_2 + 4OH^- \qquad (1-3)$$

生成的氰化铜和硫氰化铜进一步溶于氰化物溶液中：

$$Cu_2(CN)_2 + 4CN^- =\!=\!= 2Cu(CN)_3^{2-} \qquad (1-4)$$

$$Cu_2(CNS)_2 + 6CN^- =\!=\!= 2[Cu(CNS)(CN)_3]^{3-} \qquad (1-5)$$

氢氧化铜和碳酸铜与过量氰化物的反应为：

$$2Cu(OH)_2 + 8CN^- =\!=\!= 2Cu(CN)_3^{2-} + 4OH^- + (CN)_2 \qquad (1-6)$$

$$2CuCO_3 + 8CN^- \Longrightarrow 2Cu(CN)_3^{2-} + 2CO_3^{2-} + (CN)_2 \qquad (1-7)$$

孔雀石与氰化物的反应为：

$$CuCO_3 \cdot Cu(OH)_2 + 4CN^- \Longrightarrow 2CuCN + (CN)_2 + CO_3^{2-} + 2OH^- \qquad (1-8)$$

$$CuCN + CN^- \Longrightarrow Cu(CN)_2^- \qquad (1-9)$$

$$Cu(CN)_2^- + CN^- \Longrightarrow Cu(CN)_3^{2-} \qquad (1-10)$$

$$Cu(CN)_3^{2-} + CN^- \Longrightarrow Cu(CN)_4^{3-} \qquad (1-11)$$

碱性环境中在氰根络合作用下，孔雀石可自发溶解，且增大氰根浓度更易形成高配位数铜氰络合物。反应副产物 $(CN)_2$ 会分解为 CN^- 和 CNO^-，同时 CN^- 自身在氧气的作用下也会发生氧化反应：

$$(CN)_2 + 2OH^- \Longrightarrow CN^- + CNO^- + H_2O \qquad (1-12)$$

$$3CN^- + 2O_2 + H_2O \Longrightarrow 3CNO^- + 2OH^- \qquad (1-13)$$

第二，当浸出液中游离氰根浓度降低，溶解的铜氰络离子会在金粒表面离解形成 CuCN 钝化膜：

$$Cu(CN)_3^{2-} \Longrightarrow Cu(CN)_2^- + CN^- \Longrightarrow CuCN + 2CN^- \qquad (1-14)$$

CuCN 沉淀覆盖在金粒表面，阻碍了金的进一步溶解甚至使溶解过程停止。放射性同位素研究已经证明了在含铜的氰化物溶液中金粒表面确实存在铜，并且随着铜浓度的增加，钝化膜密度增大，金的溶解速度相应降低。

第三，溶液中的铜氰络合离子会影响溶液中金的回收。

铜氰络离子对锌粉置换金会产生一定影响，当铜络离子浓度达 $10^{-5} \sim 10^{-4}$ mol/L 时就能显著降低金的回收，而且置换产物中含有大量的铜，不利于后续处理。

强碱性和弱碱性离子交换树脂对氰化液中各种离子亲和力的顺序为：

$$Cu(CN)_2^- > Au(CN)_2^- > Zn(CN)_3^- > Ag(CN)_2^- > Cu(CN)_3^{2-} > Zn(CN)_4^{2-} > Ag(CN)_3^{2-} > Ni(CN)_4^{2-} > Cu(CN)_4^{3-} > Fe(CN)_6^{4-} > Fe(CN)_6^{3-}。$$

胺类萃取剂是萃取金的重要溶剂，当用叔胺三烷基胺从氰化浸出液中萃取时，各类氰化物离子的萃取顺序为：

$$Au(CN)_2^- > Ag(CN)_2^- > Cu(CN)_2^- > Zn(CN)_4^{2-} > Fe(CN)_6^{4-} > CN^-。$$

虽然，铜氰络离子和金、银的氰化络离子在活性炭上吸附能力的相对大小还不十分明确，但已知铜氰络离子的吸附能力随氰配位数的增加而减小：

$$Cu(CN)_2^- > Cu(CN)_3^{2-} > Cu(CN)_4^{3-}，$$ 这至少表明铜氰络离子也能在活性炭上吸附，从而影响金氰络离子的吸附。

1.4.2 含铁金矿

金矿石中的含铁矿物可分为氧化铁矿物和硫化铁矿物两大类，其中，氧化铁矿物（如赤铁矿、磁铁矿、针铁矿、菱铁矿等）一般不与氰化物作用，对氰化浸金过程也没有显著影响。但是，大多数硫化铁矿物，如白铁矿和磁黄铁矿，经细磨后在氰化浸出条件下也会与矿浆中的氰化物和氧发生反应，生成一系列对氰化浸金有害的物质，造成浸金指标下降，氰化物消耗量增大。

按氧化速度不同，可将硫化铁矿分为快速氧化和慢速氧化两类。磁黄铁矿和白铁矿属于快速氧化一类，而黄铁矿属于慢速氧化一类。一般认为，在氰化浸金时它们氧化速度的大小顺序是：磁黄铁矿>白铁矿≫黄铁矿。

黄铁矿氧化速度慢是由于其结晶完善，结构致密，在磨矿和氰化过程中不易发生氧化。从含黄铁矿矿石中氰化提金一般不会有较大困难，然而，磁黄铁矿和白铁矿结晶不完善，结构疏松，在磨矿和氰化过程中易发生强烈氧化，导致氰化物消耗增加和浸金指标显著下降。白铁矿氧化时，其氧化产物为硫酸亚铁和元素硫，磁黄铁矿的氧化产物为硫代硫酸盐，在浸出过程中这些产物将进一步反应。因此，氰化矿浆中除原始的硫化铁矿物外，还常常含有 S、S^{2-}、$S_2O_3^{2-}$、SO_4^{2-} 和 Fe^{2+}、Fe^{3+} 及其水解产物 $Fe(OH)_2$、$Fe(OH)_3$ 等，这些物质都将不同程度地影响浸金过程。

1.4.3 金银碲合物

在自然界中，金除以自然金及银金矿产出外，还以各类型的碲化物形式存在，如碲金矿、碲银矿、针碲金矿等。金银碲化物在氰化物溶液中较难溶解，属于难浸金矿，我国主要产金基地山东省及河南省的部分金矿存在大量含碲金银矿石。

根据 KakobckИЙ И A 的研究，在氧较少的情况下，含碲金矿在氰化物溶液中的溶解反应为：

$$2AuTe_2 + 4CN^- + 1.5O_2 + 6OH^- \rightleftharpoons 2Au(CN)_2^- + 2Te^{2-} + 2TeO_3^{2-} + 3H_2O$$

$$(1-15)$$

当溶液中的氧过剩时为：

$$2AuTe_2 + 4CN^- + 4.5O_2 + 6OH^- \rightleftharpoons 2Au(CN)_2^- + 4TeO_3^{2-} + 3H_2O \quad (1-16)$$

与自然金在氰化物溶液中的溶解相比，碲化金的溶解除需要游离氰根和溶解氧以外，氢氧根也是必不可少的反应物，自然金的实际溶解过程虽然也要在碱性条件下进行，但氢氧根的作用是控制游离氰根水解，并不直接参与金的溶解反应。这是金银碲化物在氰化物溶液中溶解不同于自然金的重要特点。

X 射线分析表明，碲化银溶解与碲化金不同，其过程经历了一系列物相和结构的变化：

$$Ag_2Te \longrightarrow Ag_2Te_3 \longrightarrow AgTe$$

计算分析表明，AgTe 的溶解是最慢的一个步骤。

根据有关报道，关于金银碲化物在氰化物溶液中的溶解有以下几点认识：

（1）金银碲化物在氰化物溶液中溶解，除游离氰和溶解氧外，氢氧根也是必需的反应物之一；

（2）金银碲化物在氰化物溶液中的溶解机理比自然金复杂，在金银进入溶液之前需经过一系列中间转变过程，如相变、晶型转变等；

（3）金银碲化物在氰化物溶液中的溶解速度比自然金慢得多，活化能高得多，要从这些矿物中有效地提取金和银，必须在氰化浸出之前氧化分解这些矿物。

1.4.4　碳质金矿

碳质金矿是一类重要的难浸金矿，世界著名的美国卡林金矿和乌兹别克斯坦的穆龙套金矿均为碳质金矿。我国四川、云南、贵州、广西等地也相继发现了含碳的微细粒浸染型金矿床。

人们普遍认为，碳质物影响氰化浸金的主要原因是碳质会吸附已溶解的金氰酸盐（或离子）而造成"劫金"现象。有研究表明，在矿石地质形成过程，金有可能与碳质（如腐殖酸）形成了氰化难以溶解的络合物[5,6]。

查明金矿石中碳质物质的组成、性质及其与金之间的相互作用，是确定碳质金矿提金工艺的基础。近年来，国内外针对这一课题的研究十分活跃。但是，由于不同矿床矿石性质差别较大以及碳质物含量较低、矿物嵌布粒度细微等原因，尚未得到清晰而一致的结论。一般认为，碳质金矿中的碳质可分为无机碳和有机碳两大类。无机碳主要包括石墨、无定型元素碳（非晶碳）和晶体发育不良的假性石墨三种结构形式，其主要成分为碳。目前，对碳质金矿中有机碳组分的研究不多，已报道的几种有机碳组分是烃类、有机酸及干酪根。有机碳中除含 C 外，还有 H，O，N 和 S 等元素。

研究表明，矿石中碳质（不论无机或有机）结构形式不同，对金的浸出影响也有较大差别。当原生矿石中有机碳含量达到 0.2% 时，将会严重干扰金的氰化过程。由于大部分碳质金矿中金常常以微细包裹形式存在于黏土矿物或硫化矿物（常为铁和砷的硫化物）中，因而使得碳质金矿成为公认的极难处理的金矿石。

碳质金矿提金的方法可分为直接浸金法和预处理后浸金法两类。直接浸金法如竞争吸附浸出法、中性油掩蔽浸出法等提金工艺较为简单，但只能处理含碳量较少的金矿石。预处理方法包括不分解碳质的物理脱碳法和氧化分解碳质的化学脱碳法。前者，如浮选法，工艺较简单，但只能适用于碳质与金易于物理分离的金矿石。后者，如焙烧氧化法、化学氧化法及生物氧化法，则可处理碳含量较高、嵌布更为复杂的碳质金矿石，但同时也存在工艺流程长、生产成本高的问题。

1.4.5　含砷、锑金矿

砷、锑矿物是氰化浸金过程最有害的矿物。金矿石中常见的砷矿物有毒砂 $FeAsS$、雄黄 As_4S_4、雌黄 As_2S_3，锑矿物主要为辉锑矿 Sb_2S_3。辉锑矿、雌黄、雄黄对氰化浸金的影响主要是它们在碱性氰化物溶液中迅速溶解而消耗 CN^- 和 O_2，且溶解产物在金粒表面生成钝化膜，阻碍 CN^- 和 O_2 与金粒接触，而毒砂对浸金的有害影响则是物理方面的原因[7~9]。

Sb_2S_3 易与保护碱反应，形成相应的含氧酸和硫代锑酸盐：

$$Sb_2S_3 + 6OH^- \rightleftharpoons SbO_3^{3-} + SbS_3^{3-} + 3H_2O \tag{1-17}$$

生成的 SbS_3^{3-} 一部分与碱反应生成 SbO_3^{3-} 和 S^{2-}：

$$2SbS_3^{3-} + 12OH^- \rightleftharpoons 2SbO_3^{3-} + 6S^{2-} + 6H_2O \tag{1-18}$$

另一部分与 CN^- 和 O_2 反应生成 CNS^-：

$$2SbS_3^{3-} + 6CN^- + 3O_2 \rightleftharpoons 6CNS^- + 2SbO_3^{3-} \tag{1-19}$$

也有可能直接反应：

$$Sb_2S_3 + 3S^{2-} \rightleftharpoons 2SbS_3^{3-} \tag{1-20}$$

未反应的 S^{2-} 在溶解 O_2 的作用下，形成硫代硫酸盐以及硫氰酸盐。

雄黄分解时，首先氧化成 As_2O_3 和 As_2S_3：

$$3As_4S_4 + 3O_2 \rightleftharpoons 2As_2O_3 + 4As_2S_3 \tag{1-21}$$

As_2O_3 溶于碱：

$$As_2O_3 + 6OH^- \rightleftharpoons 2AsO_3^{3-} + 3H_2O \tag{1-22}$$

As_2S_3 的行为与 Sb_2S_3 相同。

由于这些反应的发生，氰化物溶液中积累了砷锑硫化物的分解产物：AsS_3^{3-}、S^{2-}、AsO_3^{3-}、SbO_3^{3-}。研究表明，这些离子在金的表面生成薄而致密的膜，阻碍 CN^- 和 O_2 通向金粒，从而使金的溶解速度急剧变慢，这是含砷、锑金矿极难氰化处理的主要原因。这种膜的性质和形成机理还未完全弄清，只知道它们的形成与氰化物溶液中积累了上述离子有关。

Sb_2S_3、As_2S_3 和 As_4S_4 溶解的动力学研究表明其溶解速度主要取决于保护碱浓度，降低氰化物溶液的 pH 值，可大大降低它们的分解率。所以，含砷、锑硫化物的金矿石氰化时，应采用尽可能低的保护碱浓度。

氰化处理含砷、锑金矿时添加铅盐，可促进溶液中砷、锑的分解产物尽快转变成相对无害的 CNS^- 离子。其机理可能是铅盐在碱性溶液中形成 PbO_2^{2-}，它与 S^{2-}、SbS_3^{3-}、AsS_3^{3-} 相结合形成不溶的 PbS：

$$PbO_2^{2-} + S^{2-} + 2H_2O \rightleftharpoons PbS + 4OH^- \tag{1-23}$$

$$6PbO_2^{2-} + 2SbS_3^{3-} + 9H_2O \rightleftharpoons 6PbS + Sb_2O_3 + 18OH^- \tag{1-24}$$

毒砂是金矿石中常见的伴生矿物之一，与辉锑矿、雄黄、雌黄不同的是，它在碱性氰化物溶液中不溶解。矿物学研究表明，金通常呈固溶体和显微-次显微自然金赋存于毒砂中。这两种形式的金均不能用直接浸出法（氰化和非氰化）回收，即使经过超细磨矿，也不能使所包裹的微粒金暴露，一般均需要预先处理。常用手段包括焙烧、生物氧化、化学氧化等。研究表明，焙烧可加快金的扩散作用，使晶格中的金和次显微金粒中的金扩散到矿物表面、裂隙和粒界，并重新凝聚为较大的粒子。此外，由于焙烧时硫会逸出，矿物向磁黄铁矿、赤铁矿转变，矿物本身的结构也发生了本质变化，产生了新的裂隙和孔洞，使金粒易于与浸出溶液接触而溶解。

1.5 本章小结

一百多年来，氰化法一直是提取金银最主要的湿法冶金方法，其工艺成熟、成本低廉、操作简单，在世界上许多国家有着广泛的应用。但是，氰化法由于自身性质而存在一些缺点：

（1）氰化物具有很强的毒性，对环境不友好，随着《国家危险废物名录》的更新和新的《中华人民共和国环境保护税法》的实施，含氰废水和废渣都需要经过严苛的处理才能排放，使用氰化工艺的矿山所需的环保费用将大幅提高，这必将导致金、银的处理成本增加。

（2）氰化法浸出金、银时间长，无论实验室小试还是工业生产上，氰化浸金的时间至少在24h以上，对于银的回收则需要更长的时间，有时甚至达到96h以上。

（3）对一些含铜、铁、硫、砷、碳、锑的矿石，采用氰化法直接浸出难以获得令人满意的浸出效果。其原因包括矿物对氰根和氧的消耗、矿物溶解产物对金的钝化以及矿物本身对金的包裹等。为了提高金银的浸出率，常常需要对矿石进行一系列的预处理或采用复杂的强化浸出手段，以减少这些矿物对浸出的影响，这不仅增加了处理矿石的成本和后续贵液的回收难度，有时也不能得到理想的结果。

由于氰化物不能经济有效地回收难处理矿石中的金银，以及其带来的严重的环境问题，人们一直在寻找一种高效、无毒的浸出剂来替代氰化物[10]。

2　硫脲提金技术

近年来，研究较多的非氰浸出剂有硫脲、石硫合剂、硫代硫酸盐等，其中硫脲以其浸出速率快、选择性好、毒性低等优点受到大家的关注。目前，硫脲浸金技术主要有酸性介质浸出和碱性介质浸出两大类，其中酸性介质下的硫脲浸出技术较为成熟[11]。

2.1　酸性硫脲浸金

硫脲（又称硫化尿素）是一种无色晶体，分子式为 H_2NCSNH_2，具有一定的还原性，在氧气参与的酸性（pH<2）环境下，可与金发生络合反应：

$$4Au + 8H_2NCSNH_2 + O_2 + 4H^+ \rule[0.5ex]{1.5em}{0.4pt} 4Au(H_2NCSNH_2)_2^+ + 2H_2O \quad (2-1)$$

此反应式是酸性介质硫脲浸金的基础，浸出过程会受到诸多因素的影响，其中酸性硫脲浸金体系氧化剂的选取和稳定性至关重要[12]。

2.1.1　酸性硫脲氧化剂

Au^+ 在硫脲溶液中，能形成配离子 $Au(H_2NCSNH_2)_2^+$，其标准电极电位为：

$$Au(H_2NCSNH_2)_2^+ + e \rule[0.5ex]{1.5em}{0.4pt} Au + 2SC(NH_2)_2 \quad (2-2)$$
$$E_{Au(H_2NCSNH_2)_2^+/Au} = 0.38V$$

同时，硫脲易发生氧化反应生成二硫甲脒（$(SCN_2H_3)_2$）。相应的标准电极电位为：

$$(SCN_2H_3)_2 + 2H^+ + 2e^- \rule[0.5ex]{1.5em}{0.4pt} 2SC(NH_2)_2 \quad (2-3)$$
$$E_{(SCN_2H_3)_2/SC(NH_2)_2} = 0.42V$$

上述两个电对的电极电势相差不大，这使得氧化剂的选取变得困难，既要大于 $E_{Au(H_2NCSNH_2)_2^+/Au}$，又要小于 $E_{(SCN_2H_3)_2/SC(NH_2)_2}$，保证金的溶解又不会加速硫脲的降解。氧气可以满足这一要求，但其在溶液中的溶解度较小，标准条件下仅为8.2mg/L。Fe^{3+} 是一种适宜的氧化剂，其 Fe^{3+}/Fe^{2+} 的标准电极电势为 $E = 0.77V$，可促进酸性硫脲体系中金的氧化。有 Fe^{3+} 参与的硫脲浸金反应式为：

$$Au + 2H_2NCSNH_2 + Fe^{3+} \rule[0.5ex]{1.5em}{0.4pt} Au(H_2NCSNH_2)_2^+ + Fe^{2+} \quad (2-4)$$

过量的 Fe^{3+} 会使硫脲氧化分解成 S、S^{2-}，造成硫脲的消耗，且 S 又可以吸附硫脲金的络合物，导致金的浸出率降低。对吉林某含铜金精矿进行酸性硫脲浸出的试验研究表明[13]：不加 Fe^{3+} 时，金浸出率为 91.19%；当加入 Fe^{3+} 时，金的浸出率反而会降低；这是由于原矿石中存在 Fe^{3+}，后加入的 Fe^{3+} 反而造成了氧化剂过量。为克服过量 Fe^{3+} 的影响，刘建[14] 研发一种新添加剂 Re-1，可抑制过量 Fe^{3+} 的氧化作用。对某含硫高砷金矿石添加 1g/L 的 Re-1，金浸出率为 89.9%，比未使用添加剂时提高 16.77%。此外，过强的氧化剂（如双氧水、高锰酸钾、臭氧等）因标准氧化还原电位相对过高，易加剧硫脲被氧化的副反应，增加硫脲的损耗，均不宜作为酸性硫脲介质的氧化剂。

2.1.2　酸性硫脲稳定性

在酸性硫脲浸金体系中，在 pH>2 的情况下，硫脲极易发生水解而损失，致使其消耗量大幅增加，因而酸性硫脲浸出过程 pH 值应调节在 1.0~1.5。此外，过高的硫脲浓度和浸出温度均会造成硫脲的分解，进而产生单质硫，附着在金矿物表面，发生钝化现象，从而阻碍金的浸出。总之，影响硫脲浸出的因素是多方面的，浸出过程应全面考虑，对于不同性质的矿石也应有所不同。

2.1.3　酸性硫脲浸出前的预处理

酸性硫脲直接浸出含有铜、硫等杂质的金矿效果不佳，因此，金矿石硫脲浸出前的预处理是相当必要的，主要的预处理方法有硫酸预浸、氧化处理、微生物预处理等。

2.1.3.1　硫酸预浸

在金矿石中可溶性铜含量较高的情况下，直接硫脲浸出难以得到理想效果。可溶性铜在浸出溶液中会造成溶液电位升高，加剧硫脲的分解，导致金的浸出率降低；同时，溶液中产生的铜离子会与硫脲络合，药剂消耗量增加。因此，该类矿石可采用硫酸预浸的方法处理。何桂春[15] 在利用硫脲浸出江西某含铜硫金精矿（含铜 0.3%）时，用 1mol/L 硫酸处理后铜杂质含量降低，金的浸出率可达80%，比硫脲直接浸出提高 5.35%。和晓才[16] 采用硫酸预浸——硫脲浸出法处理滇西某含铜金矿（含铜 1.72%），添加 13g/L 硫酸在氧压 0.8MPa、温度120℃、液固比 4:1 的条件下预处理 4h 后，铜含量显著降低，金的浸出率达到94.13%，相比硫脲直接浸出提高了 7.36%。

2.1.3.2　氧化处理

酸性硫脲直接浸出含有较高硫和砷的金矿时，浸出率很低，主要原因在于砷和硫会使浸出溶液电位降低，使金的氧化浸出受阻。同时，硫和砷会包裹金，而其氧化产物也会形成钝化膜，使金不能与浸出剂接触。对于这种情况，可采用氧化的方法消除硫和砷的影响，主要包括氧化焙烧、加压氧化等方法。吴国元[17]

在处理湖南某高砷硫金精矿时，经650℃氧化焙烧2h，得到的焙砂金浸出率达到85.01%，相比未经氧化焙烧直接硫脲浸出提高了70.25%。

2.1.3.3 微生物预处理

微生物预处理技术以其成本低、投资小、环境友好等特点应用于难选冶金矿。某含硫26.48%、砷1.19%的高硫砷金矿，采用常规浸出难于处理。夏青[18]对该矿石进行微生物预处理，氧化亚铁硫杆菌在9K无铁培养基、恒温35℃、pH=1.5的条件下进行驯化。预处理最佳条件为磨矿细度−0.043mm占90%、矿浆浓度14%、时间4d。微生物预处理有效地脱除了硫、砷，金的硫脲浸出率达到81.22%，比常规硫脲法提高47.51%。

2.1.4 酸性硫脲的强化浸出

为进一步提高硫脲浸出效果，科研工作者采用强化浸出技术促进金的溶解，提高金的浸出率。

2.1.4.1 磁场强化

硫脲浸出体系中同时存在电化学溶解和分子、离子的扩散运动。由于分子中的未成对电子会在外加磁场的作用下改变自旋方向，与此同时反应体系的活化能降低，反应熵减小，物质的扩散加快，分子有效碰撞增多，浸出速度加快，浸出率提高。夏青[18]在处理含硫砷金矿的提金工艺中，采用外加磁场强化浸出，在磁场强度为8×10^{-3}T时，浸出率较未采用外加磁场前提高8.84%，达到了90.06%。

2.1.4.2 超声波强化

硫脲浸出过程的反应速率受扩散、吸附、化学反应等多因素的影响，而总速率取决于最慢的环节，通常情况下，扩散环节速率最慢，传统上采用搅拌可加快此环节的进行。最近研究发现，外加超声波可以产生空化效应，空化产生的微射流会加快溶液的扩散以及金微粒从固体主体中逸出，同时增大固液界面的湍流程度，促进了金的传质扩散，提高了金的浸出率。念保义[19]在对比常规硫脲浸出和外加超声波强化硫脲浸出的研究中发现，在超声波和机械搅拌联合作用下，金浸出效果更加明显，浸出率可达到95.06%。

2.1.4.3 电位控制

在浸出过程中，硫脲会由于自身的氧化致使溶液电位由0.62V降到0.12V，浸出变缓，因此可通过控制电位在0.30V左右来实现高效的浸出。曾亮[20]在对低品位铁锰型金银矿硫脲浸出时发现，不断向浸出溶液中添加亚硫酸钠控制电位在 0.30V，pH=1.5，可在 20min 内实现 93.52% 的金浸出率，相比直接浸出可提高 47.27%。此外，龙怀中[21]研究发现，在硫脲浸出过程中添加亚硫酸钠可还原二硫甲脒，减少硫脲的降解，提高硫脲的稳定性，降低硫脲的用量。

2.1.5　酸性浸金液中金的回收

从酸性硫脲浸金贵液回收金的方法主要有活性炭法、离子交换法、溶剂萃取法和置换法等。

2.1.5.1　活性炭法

活性炭具有吸附效率高、吸附容量大等优点，采用活性炭从酸性硫脲浸出液中回收金的研究也较为广泛。孙彩兰[22]采用硫脲炭浆法处理含硫金矿，在活性炭用量 7kg/t，吸附时间 8h 的条件下，吸附率可达 98.78%。周源[23]采用硫脲炭浸法处理某高硫砷金矿，活性炭用量 10kg/t，吸附时间 3h，吸附率高达 99%。由此可见，活性炭吸附硫脲金的效果很好，但载金炭的解吸条件较为苛刻，常温常压下金的解吸率只有 80%，较高的温度和压力下（140℃、415kPa）能达到 95%，这在一定程度上增加了能耗和成本。另外，过量的硫脲分子、Fe^{3+} 及硫脲氧化产物 S 均易被活性炭吸附，不利于后续硫脲浸出液及活性炭的循环利用。

2.1.5.2　离子交换法

目前，硫脲金多采用阳离子型树脂进行吸附。树脂最主要的优点在于吸附速率快，但其存在耐磨性差、易破碎、重复利用率低等问题。胡小玲[24]研究了 NKC-9 大孔强酸性阳离子交换树脂对硫脲金的吸附，在 25℃ 条件下，当 pH=2.0，树脂用量 100mg，吸附时间 80min，吸附率可达 97.6%，通过红外光谱分析硫脲金的吸附为物理吸附。王爱萍[25]制备的 PET-PDTU 树脂吸附硫脲金的容量可达 4.24mmol/g，为吸热过程的单分子层吸附，升温有助于吸附的进行，液膜扩散是吸附的主要控制步骤。解吸载金树脂的常用洗脱剂有无机电解质、有机溶剂两类。无机电解质常为盐酸、硫酸、硝酸、氯化钠等，解吸率可达 96% 以上，但易腐蚀设备、挥发有毒物质，对环境不利；以乙醇为代表的有机溶剂的解吸效果稍差，仅能解吸物理吸附的金。胡小玲[24]在研究 NKC-9 中发现，H^+ 的存在可促进解吸过程，利用硫酸-乙醇的混合洗脱剂能有效地一步解吸金，洗脱率可达到 98.5%，相比仅用硫酸的 41.7% 和仅用乙醇的 7.2%，效果明显。杨汉国[26]研究了选择性解吸金的方法，首先通过 3% 双氧水、1mol/L 硝酸铵及 1mol/L 硝酸解吸铜铁，此时完全不解吸金，铜洗脱 100%、铁洗脱率 70%；再用 15% 硫代硫酸钠解吸金，金洗脱率为 86.32%。

2.1.5.3 溶剂萃取法

萃取法具有操作简单、萃取率高等优点，主要有萃取和反萃取两个阶段。萃取剂的研究较为广泛，主要有 D2EHPA、TOA、TOPO、MIBK、P507 等药剂。朱萍[27]利用 P507 萃取硫脲金，在相比 O/A = 1∶1，P507 浓度 1.65mol/L，料液 H_2SO_4 浓度 0.335mol/L 的条件下，萃取 5min，金的萃取率可高达 99.8%；但杂质铁也会被萃取，且萃取时间过长会加剧铁杂质的萃取，添加 TOA/TOPO、D2EH PA/TBP 等协萃剂可减少铁的萃取量。此外，稀释剂的极性会增大萃取率，如乙酸丁酯可使 HDEHP 的萃取率提高 10% 左右。盐酸和亚硫酸钠均可有效地反萃金。对于含金 69.59mg/L 的有机相，在相比 O/A = 1∶1，亚硫酸钠质量浓度 50g/L，反萃时间 5min 的条件下，金的反萃率达 82.45%，铁的反萃率为 0，实现了金、铁的分离，但铁全部残留于有机相中，不利于萃取剂后续的循环利用。

2.1.5.4 置换法

置换法具有流程短、成本低等优点，常用的置换金属包括铁、铝、锌等。铁粉置换硫脲浸出贵液中的金，置换率 96%；但硫脲浸金贵液 pH 值为 1.5 左右，置换过程中用于置换的铁板会严重腐蚀，形成的空洞会夹带矿泥，置换金泥品位降低。铝粉置换回收率可达 98% 以上，但存在铝粉消耗量大、置换速率慢的不足，减小铝粉粒度可在一定程度上缓解这些问题[27]。锌粉置换会产生氢气，酸消耗量较高，不宜采用。相对而言，铁、铝置换法有一定的应用价值，但需要进一步改善其效果。

2.2 碱性硫脲浸出

为改善硫脲浸金环境，近年来一些学者对碱性条件下的硫脲浸金进行了大量的研究工作。碱性硫脲浸出体系克服了酸性硫脲浸出存在的一些不足，如设备易腐蚀，HS^-、S^{2-} 等离子干扰，伴生的铜、铁、镍矿物易被浸出等。碱性环境中硫脲溶金的反应过程可以分成以下几个步骤：

(1) 硫脲向矿物表面扩散；

(2) 硫脲分子在矿物表面发生吸附，形成吸附态 $Au[CS(NH_2)_2]_{ads}^+$；

(3) 硫脲被氧化，形成产物为二硫甲脒；

(4) 金被氧化失去电子，金离子与硫脲分子变成配离子 $Au[CS(NH_2)_2]_{ads}^+$；

(5) 二硫甲脒获得电子，被还原为新的硫脲分子；

(6) $Au[CS(NH_2)_2]_{ads}^+$ 与硫脲分子结合形成 $Au[CS(NH_2)_2]_2^+$；

(7) $Au[CS(NH_2)_2]_2^+$ 从固液界面以扩散的方式进入到溶液中。

这一过程中，扩散环节是碱性环境中硫脲浸出金的速控步骤。

2.2.1 碱性硫脲稳定性

碱性条件下硫脲更加不稳定，易分解成氨基氰和硫离子，化学方程式为：

$$SC(NH_2)_2 + 2NaOH \Longrightarrow Na_2S + CNNH_2 + 2H_2O \qquad (2-5)$$

分解产物氨基氰又能够生成尿素：

$$CNNH_2 + H_2O \Longrightarrow CO(NH_2)_2 \qquad (2-6)$$

因此，在碱性条件中，硫脲会和银、铜、铅、铁等金属阳离子生成硫化物沉淀。郑栗[28]在研究碱性硫脲选择性溶金机理的试验中发现：$Au(H_2NCSNH_2)_2^+$ 中反馈 $\delta-\pi$ 配位键的形成使其稳定性显著增强，而 $Ni(H_2NCSNH_2)_4^{2-}$ 和 $Fe(H_2NCSNH_2)_6^{2+}$ 配位体间硫原子和氮原子上电子云间相互排斥，难以稳定存在。某金矿采用酸性硫脲浸出，与金伴生的金属铜、铁、镍的浸出率较高，分别达到 36.29%、6.19%、54.47%；相比之下，在碱性硫脲浸出体系中，这些金伴生金属的浸出率均小于 0.1%。

浸金过程中，需要添加稳定剂以尽可能减少或抑制硫脲的氧化分解，研究发现，碱性条件下硅酸钠、亚硫酸钠和六偏磷酸钠等试剂能够在一定程度上抑制硫脲的不可逆分解，作用原理是：硅酸钠、亚硫酸钠中的氧原子以及六偏磷酸钠中的磷原子都能够提供孤对电子与硫脲中的氢形成氢键，构成稳定的环形结构，从而增强硫脲的稳定性。柴立元[29]在探究 Na_2SO_3 促进溶金机理的试验中发现，亚硫酸钠可与硫脲分解产物二硫甲脒发生氧化还原反应，在一定程度上抑制硫脲氧化生成二硫甲脒，增大硫脲的有效浓度，利于金的浸出，但仍会出现金被硫脲分解产物钝化的现象。王云燕[30]研究发现，碱性条件下硅酸钠抑制硫脲的分解效果较亚硫酸钠好，电势在 0.5V 时，加入 0.3mol/L 的硅酸钠，硫脲的分解率由 72.5% 降至 33.8%，同时金阳极溶解电流密度由 0.181mA/cm 增至 3.53mA/cm。郑栗[28]在 "构效关系" 理论中解释了硅酸钠有稳定效果的本质原因，是因为形成了二硫脲合金络合物中的反馈 $\sigma-\pi$ 配位键，使生成的 $Au(CS(NH_2)_2)_2^+$、$Ag(CS(NH_2)_2)_3^+$ 更加稳定。另外，碱性硫脲浸出过程同时加入硅酸钠和亚硫酸钠，比单加入硅酸钠对金的选择性浸出效果更好。

有研究发现，pH 对硫脲的稳定性也有一定的影响，在 pH 值为 8.02~11 的范围内，随 pH 值的升高，硫脲氧化分解加剧。低碱度且具有缓冲性的溶液环境，能够提高硫脲的稳定性，有利于金的浸出。

2.2.2 碱性硫脲氧化剂

碱性硫脲浸出过程的另一个重要因素是氧化剂，与酸性硫脲浸出一样，氧化剂的氧化电势需要大于 0.38V，但不能过高，否则同样会引起硫脲的大量氧化消耗。酸性条件下常用的 Fe^{3+} 在碱性条件下易形成沉淀，不适于此时对金的氧化。

常采用的氧化剂有氧气、过硫酸钠、铁氰化钾等，其氧化还原电位均可以满足金的氧化，反应式为：

$$Au + 2SC(NH_2)_2 \Longrightarrow Au(H_2NCSNH_2)_2^+ + e \qquad (2-7)$$

$$2Au + 4SC(NH_2)_2 + S_2O_8^{2-} \Longrightarrow 2Au(H_2NCSNH_2)_2^+ + 2SO_4^{2-} \qquad (2-8)$$

$$4Au + 8SC(NH_2)_2 + O_2 + 2H_2O \Longrightarrow 4Au(H_2NCSNH_2)_2^+ + 4OH^- \qquad (2-9)$$

$$Au + 2SC(NH_2)_2 + Fe(CN)_6^{3-} \Longrightarrow Au(H_2NCSNH_2)_2^+ + Fe(CN)_6^{4-} \qquad (2-10)$$

从氧化还原电位的角度讲，氧气是一种较为温和的氧化剂，但其溶解量太小，难以实现金的高效浸出。郑栗[28]在碱性硫脲下对不同类型矿石的适应性进行研究发现，铁氰化钾氧化还原电势为 0.45V，且在碱性条件下具有较好的稳定性，是较为理想的氧化剂，Wei 等人采用性质温和的过硫酸钠做氧化剂也取得了较好的浸出效果。

2.3 本章小结

酸性硫脲浸出体系具有高效、低毒的优点，预处理技术和强化浸出技术使酸性硫脲浸金工艺对不同类型的矿石有更强的适应性。从酸性硫脲浸金贵液回收金的方法还不成熟，活性炭法吸附量大、工业基础好，但解吸相对困难；树脂法载金量大、吸附速率快，但选择性不高，树脂难以循环利用；铝或铁置换法简单有效，萃取法效率高，但存在杂质金属或离子共吸附、共沉淀、共萃取等问题。今后值得研究的重点在于改进和提高回收方法的选择性、回收速率，避免或降低杂质的干扰等。

碱性硫脲浸出体系以其选择性好、无设备腐蚀等特点而备受关注，最主要的问题在于稳定剂和氧化剂的选择，硅酸钠、亚硫酸钠均能对硫脲起到良好的稳定作用，过硫酸钠、铁氰化钾等温和的氧化剂可以减少浸金过冲中硫脲的大量消耗。目前，碱性硫脲浸出金的理论认识、工艺研究及从贵液中回收金的研究还相对较少，对碱性硫脲体系中氧化剂的选择、稳定剂的联合应用还有待完善，对回收技术在该方法中的运用及改进，还需要做进一步的研究。

3 卤素及其化合物提金技术

3.1 氯化法

氯化法浸金始于 1848 年，后经发展成为 19 世纪末主要的提金方法之一，直到氰化法的问世才停止使用。近年来，由于氰化法的局限性和缺点，氯化法浸金重新得到重视。氯气及次氯酸盐等氯化剂与氰化物相比，具有浸金速度快、试剂价格低、方法简单、污染程度相对较低等优点，并对含有某些杂质（如铜、硫、砷等）矿石的提取性较好，且易于净化。

3.1.1 氯化浸金的热力学基础

氯具有强氧化性，可以和大部分元素发生反应，在与金的反应中，它既是氧化剂，同时又是络合剂。

金的标准电极电位为：

$$Au^+ + e === Au \tag{3-1}$$
$$E^0 = 1.691V$$
$$Au^{3+} + 3e === Au \tag{3-2}$$
$$E^0 = 1.498V$$

从标准电极电位的角度考虑，金的溶解需要电极电位很高的氧化剂，但在有氯离子存在的溶液中，由于金离子与氯离子生成稳定的络离子 $AuCl_2^-$、$AuCl_4^-$，使 Au（Ⅰ）、Au（Ⅲ）离子的溶解电位分别由 1.691V 和 1.498V 大幅度降低至 1.113V 和 0.994V。

$$AuCl_2^- + e === Au + 2Cl^- \tag{3-3}$$
$$E^0 = 1.113V$$
$$AuCl_4^- + 3e === Au + 4Cl^- \tag{3-4}$$
$$E^0 = 0.994V$$

$AuCl_4^-/Au$ 电对的氧化还原电位较 $AuCl_2^-/Au$ 电对的低，因此，金更易于以三价金氯络合物的形态溶解。

在氯化过程中，常采用氯气和次氯酸作为溶金的氧化剂，氯气、次氯酸的标准电极电位分别为 1.359V、1.494V，均大于金的氧化电位。

$$Cl_2 + 2e === 2Cl^- \tag{3-5}$$

$$E^0 = 1.359\text{V}$$

$$\text{HClO} + \text{H}^+ + 2e = \text{Cl}^- + \text{H}_2\text{O} \tag{3-6}$$

$$E^0 = 1.494\text{V}$$

水中的溶解氯和次氯酸主要是通过氯气或其他含氯氧化剂溶于水中产生的，与金反应的方程式为：

$$2\text{Au} + 3\text{Cl}_2 + 2\text{Cl}^- = 2\text{AuCl}_4^- \tag{3-7}$$

$$2\text{Au} + 3\text{ClO}^- + 6\text{H}^+ + 5\text{Cl}^- = 2\text{AuCl}_4^- + 3\text{H}_2\text{O} \tag{3-8}$$

热力学研究表明，当控制浸出体系的 pH 小于 8，电位高于 0.9V，金就能以 AuCl_4^- 的形态浸出，其稳定性和浸出率与体系的氧化还原电位、pH 值、氯化物浓度等因素有关，其中电位和 pH 值是最重要的因素。

氯气和次氯酸根作为氧化剂反应得到的氯离子为金提供配位体，为了提高金氯络合物的稳定性，氯化浸出过程中常会加入氯化钠以增加浸出液中氯离子的浓度。

3.1.2 氯化浸金的实例

采用氯化法浸金，金表面不会被钝化，因此金的浸出速度很快。同时，氯的强氧化性可氧化包裹金的砷黄铁矿、黄铁矿等矿物。另外，氯化法可降低碳对金的吸附作用。因此，该方法可用于处理含碳质、砷的金矿石及酸性含金物料等。

美国 Jerritt Canyon 金选厂采用氯化法浸出含砷的碳质金矿石，处理量 1650t/d，在矿浆浓度 55% 左右，浸出温度 50℃ 左右的条件下，浸出 18h，金的浸出率达到 94%，氯气消耗量为 17.5kg/t。美国 Newmont 公司曾采用上述类似技术浸金，并于 1988 年 4 月改造建成"闪速"氯化浸出系统，以提高金浸出率，降低氯气消耗量。实验室研究也表明，"闪速"氯化浸出法平均提高金浸出率 6%，降低氯气消耗量 25%。贵州苗龙某金矿含砷、锑、碳、硫较高，金以细粒嵌布其中，北京矿冶科技集团有限公司采用氯化浸出工艺处理该矿石可大大缩短浸出时间；采用氧化焙烧-水氯化工艺浸出其浮选金精矿（金品位 65g/t），金浸出率达 91.48%。邱冠周等以次氯酸钠作为浸出剂采用边磨边浸的工艺处理高砷、高硫金矿石，金浸出率可达到 96.8%[31]。

有人认为氯化法较适合于低含硫的酸性矿石，对高含硫化矿的金矿，采用氯化法直接浸出并不十分适宜，需要预先氧化脱硫。其原因是一部分或大部分硫化物会在氯气或次氯酸根的作用下氧化分解，导致试剂的过度消耗，而且溶解的硫化矿物会使浸出贵液的处理变得复杂。另外，金的氯化络合物不太稳定，在与具还原性的物质（如矿石中的硫化矿物及氧化分解过程中产生的低价氧化态生成物）接触时，易被还原沉淀，造成严重损失。

金创石[32]采用加压预氧化-氯化法浸出国内某高硫高砷金精矿，该金精矿中金主要以显微、次显微形态嵌布于黄铁矿和毒砂中，为减少浸出剂的消耗，加压预氧化可将部分的硫化物转化为可溶物，包裹其中的金得以暴露或解离，而后控制氯化浸出液的 pH 值为 4，电位在 1.0V 以上，添加氯化钠浓度为 75g/L，反应 5h，获得 96.54% 的金浸出率。

总的来讲，氯化法浸金具有浸出速度快，浸出率较高，氯化试剂价格便宜等优点，对于难处理金矿石可省去矿石预处理过程，实现一步法浸金。但是，氯化法直接浸出硫化矿时，由于酸性环境下硫化矿发生溶解，酸和氯气消耗量很大，溶解的硫化矿物也会使贵液成分复杂，不利于后续回收。另外，氯化工艺中有大量氯离子参与，即使在弱酸性介质中浸出，生产中长期使用，设备难免受到腐蚀，对这一问题还需做进一步的研究。

3.2 溴化法

溴作为另一种较强的氧化剂，其性质与氯相似，溴化浸金的浸出机理与氯化浸金基本一致，对氧化剂的选择也很类似。在水溶液中可通过以下化学反应浸出金：

$$2Au + 3Br_2 =\!=\!= 2AuBr_3 \tag{3-9}$$

$$AuBr_3 + HBr =\!=\!= AuBr_4^- + H^+ \tag{3-10}$$

3.2.1 溴化浸金的热力学基础

标准条件下，只要溴化浸金体系所选择氧化剂的氧化还原电位大于 0.94V 或 0.88V，金以 $AuBr_2^-$ 或 $AuBr_4^-$ 形态的浸出反应就可以自发地进行。

$$AuBr_2^- + e =\!=\!= Au + 2Br^- \tag{3-11}$$

$$E^0 = 0.94V$$

$$AuBr_4^- + 3e =\!=\!= Au + 4Br^- \tag{3-12}$$

$$E^0 = 0.88V$$

与氯化浸金体系相似，$AuBr_4^-/Au$ 电对的氧化还原电位也较 $AuBr_2^-/Au$ 电对的低，因此，在溴化物浸金溶液中，金更易于以 $AuBr_4^-$ 的形态浸出。

3.2.2 溴化浸金的实例

$AuBr_4^-/Au$ 的电极电位较 $AuCl_4^-/Au$ 略低，溴化法浸金较氯化法具有金的溶出速率快，杂质离子溶出较少等优势。Shaff 于 1881 年发明了一项采用溴法提金的专利，但直到近些年随着氰化法提金引起的环保问题被提出，此工艺才逐渐受到关注。20 世纪 90 年代，国外相继开发了一系列溴化物浸金工艺，如 D 法和 K 法等。D 法采用了由 NaBr 与氧化剂制成的浸出剂来浸出贵金属，适用于弱酸性至中性溶液，可实现生物降解，但目前未实现工业化生产。K 法由澳大利亚 Kalias

公司提出，是一种以溴化物作为浸出剂的工艺，该方法浸出时间短、浸出率高，但目前仍处于开发试验阶段。中国对于溴化法浸金的研究报道较少，目前研究的一般为 Br_2-NaBr 体系、$NaBrO_3-HBr$ 体系和 Br_2-NaCl 体系。刘建华等采用含 0.3mol/L NaBr、0.08mol/L $FeCl_3$、适量 H_2O_2 和 NaClO 的溶液浸出含金硫化矿焙砂，浸出时间 6h，金浸出率可达 75%。

由于无机溴浸出剂的挥发蒸气具有腐蚀性，因此研究人员试图研发有机溴试剂替代无机溴试剂，如 GreatLakes 公司已研发出 GeoBrom 系列有机溴类浸金试剂。文政安[33]认为氰化物与溴及其化合物在同一溶金体系中能够相互兼容，而且还具有某些独特的作用，这种作用是单纯使用氰化钠无法达到的，他提出一种低氰溴化法，处理低品位金矿和甘肃省某碲化金矿，都获得了良好的效果。该方法浸出速度快，回收率高，成本较氰化法略低，适于浸出难处理的金矿。

目前，从溴化浸出贫液中再生溴浸出试剂的技术很不成熟，溴化法浸金存在试剂用量大，溴试剂价格昂贵等缺点，这使得溴化法浸金技术还难以实现工业化应用。

3.3 碘化法

碘是一种强氧化剂，其浸金过程与溴相似。目前，该方法还没有工业化应用的实例。金的阴离子络合物稳定性大小顺序为 $AuCN_2^- > AuI_2^- > AuBr_2^- > AuCl_2^- > Au(SCN)_2^-$，可见在卤素中，$AuI_2^-$ 络离子稳定性较金氰络合物低，但比金溴络离子、金氯络离子及金的硫氰化物要强。

3.3.1 碘化浸金的热力学基础

Marun 等根据 Davis 提供的热力学数据绘制了 $Au-I_2-H_2O$ 体系的 Eh-pH 电位图，见图 3-1，认为在 I_2-碘化物溶液中形成了两种稳定的络合物（在水的稳定性极限内）：AuI_4^- 和 AuI_2^-。

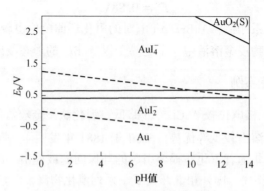

图 3-1 $Au-I_2-H_2O$ 体系 Eh-pH 电位图

$[Au]=10\mu mol/L$，$[I^-]=0.1mol/L$，25℃

$Au-I_2-I^--H_2O$ 体系的主要反应及平衡常数为：

$$I_2 + I^- \longrightarrow I_3^- (k_1 = 10^{2.84}) \tag{3-13}$$

$$2Au + I^- + I_3^- \longrightarrow 2AuI_2^- (k_2 = 10^{-1.42}) \tag{3-14}$$

$$AuI_2^- + I_3^- \longrightarrow AuI_4^- + I^- (k_3 = 10^{17.7}) \tag{3-15}$$

$$AuI + I^- \longrightarrow AuI_2^- (k_4 = 10^{-0.15}) \tag{3-16}$$

这两种络合物在 pH 值为 0~14 的范围内都较为稳定，且碘浓度的变化对其稳定性影响不大。I_2-碘化物浸金体系与 $Au-Cl_2-H_2O$ 体系和 $Au-Br_2-H_2O$ 体系的 Eh-pH 图对比发现，$AuCl_4^-$ 和 $AuBr_4^-$ 只能在很窄的区域内稳定存在（在水的稳定性极限内）。由此可见，AuI_4^- 和 AuI_2^- 作为络合产物稳定性较好，碘化法是适宜浸出金的方法。

Davis 等人通过对体系平衡的研究发现：在 pH<8，$n[I_2]：n[I^-] = 0.1$ 或 0.35 时，体系中最稳定的形态是 I_3^-、AuI_2^- 和 I^-；在 pH>10 时，最稳定的是 IO_3^-。如果 $n[I_2]：n[I^-] = 0.5$，在 pH<8 时会形成不溶的碘化金，它会钝化金的表面，阻止 AuI_2^- 的生成。因此，浸出过程中应控制 $n[I_2]：n[I^-]<0.5$。

3.3.2 碘化浸金的实例

Marun 通过对两个矿样进行碘化法浸出处理，4h 得到的金浸出率没有氰化法高，浸出贵液经电解沉积后金的回收率超过 90%。

对于碳质金矿石，碘化物浸出效果非常好，浸出时间可大大缩短。李桂春提出通过延长浸出时间，添加替代氧化剂（采用 NaClO 代替 I_2），电解再生碘试剂等方法可降低浸出时的碘消耗量。采用 NaClO-I^- 浸金体系浸出五龙金矿矿样，NaClO 用量为矿浆体积的 7%~9% 时，金浸出率超过 85%。贵州戈塘金矿为碳质金矿，氰化法直接浸出金的浸出率不足 50%，李桂春等[34]用碘和碘化物（碘化钾、碘化钠和碘化铵）溶液浸出 4~6h，金的浸出率最高可达 95%，而且在 $n[I_2]：n[I^-] = 1：8~1：10$ 条件下金的浸出率比较理想。

徐渠[35]以双氧水作为辅助氧化剂，采用碘-碘化钾体系从经过预处理的废弃印刷线路板颗粒中浸取金，确定了最佳浸金工艺条件：碘的质量分数为 1.1%，$n[I_2]：n[I^-] = 1：10$，双氧水的质量分数为 1.5%，固液比为 1：10，常温浸出时间 4h，中性溶液中金浸出率达 97.5%，电解沉积回收贵液中的金，金回收率大于 95%。

某含铜难处理金矿铜的氧化率达 90.33%，氰化法浸出过程有大量的铜溶解，消耗氰根和溶解氧。李绍英[36]利用碘化法浸出该矿石确定最佳浸出条件：I_2 浓度 0.032mol/L，$[I_2]$ 和 $[I^-]$ 的质量比为 1：6，pH 值 7，液固比 4：1，搅拌强度 400r/min，浸出时间 120min，磨矿细度为 -0.074mm 占 91%，浸出温度为 25℃。金的浸出率 88.55%，铜的浸出率仅为 0.61%，实现了对该含铜难处理金矿的选择性浸出。该金矿的浸金动力学研究表明反应受界面化学反应控制，碘单质与碘离子的反应级数分别为 1 和 0.6，表观活化能 41.8kJ/mol，反应速率方程为 $1-(1-\varepsilon)^{1/3}=10.1\times e^{-41800/RT}\cdot[I_2]^1\cdot[I^-]^{0.6}$。

某高硫砷金精矿中金被黄铁矿和毒砂包裹，直接碘化浸出金浸出率仅 9.82%，陈伟采用微波预处理-碘化浸出 4h，金的浸出率提高至 71.56%[37]。

碘化法具有显著的优点：碘化体系中金的浸出速度很快，较氰化物快 10 倍；碘为低毒试剂，被广泛应用于医学领域；选择性好，矿石中的贱金属基本不会被浸出。但是，碘化物药剂价格昂贵，药剂消耗量大的问题尚未解决，因此，碘化法浸出的经济性还有待提高。目前，碘化物浸金的研究相对较少，也没有工业化应用的实例，对与碘化物浸金工艺及从浸出贫液中再生碘浸出剂等方面都需要做进一步的研究。

3.4 本章小结

氯、溴、碘都是强氧化剂，卤素及其化合物浸出金、银时，浸出液中含有的相应卤离子可与金银形成稳定的络离子。氯和溴是卤族元素中较为活泼的，氯是难闻的、具有刺激性的有毒气体，因其毒性强，其使用受到公安部门的管制。溴为具有刺激性、腐蚀性的有毒液体，标准温度和压力下容易挥发，形成红色的蒸气（颜色近似于二氧化氮）并且有一股与氯气相似的恶臭。溴与其化合物可被用来作为阻燃剂、净水剂、杀虫剂、染料等，但一些特定的溴化合物被认为有可能破坏臭氧层或是具有生物累积性，因此，许多工业用的溴化合物已被限制生产和使用。碘在卤族元素中活性最弱，大量的碘对人来说，是有毒的，碘蒸气会刺激眼、鼻黏膜，使人中毒，而少量的碘却是人体必须的。氯化法、溴化法和碘化法都具有浸出速率快、回收率高的优点。但采用氯气和溴作为氧化剂的卤化浸金法在工业生产上是难以推广的，这不仅是因为氯和溴的毒性，还因为氯和溴的活性较高，浸出金银的过程中会有大量的非目的矿物溶解，消耗浸出试剂，也使贵液的回收变得困难。碘化法相对毒性较小，选择性强，但浸出剂价格昂贵，较高的成本使该方法的推广有一定难度，从贵液中回收金、银的研究还需做进一步的研究。

4 石硫合剂提金技术

石硫合剂（Lime-Sulfur-Synthetic-Solution，LSSS）是以硫黄和生石灰合成的一种非氰浸金试剂，原液是一种强碱性的酱油色透明液体，可溶于水，遇酸易分解，有臭蛋气味。

4.1 石硫合剂的浸金原理[38]

LSSS 的有效浸金成分为硫代硫酸钙（CaS_2O_3）和多硫化钙（CaS_x），属于复杂的硫代硫酸盐与多硫化物的混合体系，反应过程中 $S_2O_3^{2-}$、S_x^{2-} 两种主要有效成分共同发生作用。

LSSS 体系中的 $S_2O_3^{2-}$ 与 Au 配位，生成稳定的络合物，在石硫合剂浸金过程中，体系往往要加入 Cu^{2+}，以强化溶金反应。体系中 Cu^{2+} 主要以铜氨络离子形式存在，这与硫代硫酸盐浸金原理一致，此处不再赘述，详见本书第 5 章内容。

多硫化物中的 S_4^{2-} 和 S_5^{2-}，可以与金直接发生氧化还原反应并络合形成稳定的五元环或六元环螯合物，反应式为：

$$Au + S_4^{2-} \Longrightarrow AuS_4^- + e \tag{4-1}$$

$$Au + S_5^{2-} \Longrightarrow AuS_5^- + e \tag{4-2}$$

另外，S_x^{2-} 如同过氧离子 O_2^{2-}，具有较强的氧化性，同时，S_x^{2-} 与金有很强的配位作用，生成 AuS^-，反应为：

$$6Au + 2S^{2-} + S_4^{2-} \Longrightarrow 6AuS^- \tag{4-3}$$

$$8Au + 3S^{2-} + S_5^{2-} \Longrightarrow 8AuS^- \tag{4-4}$$

$$6Au + 2HS^- + 2OH^- + S_4^{2-} \Longrightarrow 6AuS^- + 2H_2O \tag{4-5}$$

$$8Au + 3HS^- + 3OH^- + S_5^{2-} \Longrightarrow 8AuS^- + 3H_2O \tag{4-6}$$

$$4Au + 4S^{2-} + 2H_2O + O_2 \Longrightarrow 4AuS^- + 4OH^- \tag{4-7}$$

多硫离子在溶金体系中具有氧化和配位的双重作用。

4.2 浸出体系中 S_x^{2-} 和 $S_2O_3^{2-}$ 的降解反应

石硫合剂法浸金过程需向浸出液中通入空气，空气中的 O_2 和 CO_2 会大量溶解于浸出液中，强化 S_x^{2-} 和 $S_2O_3^{2-}$ 的氧化及歧化反应，使其浓度处于动态变化之中。

大量溶解 CO_2 会增加体系的酸性，加快 S_x^{2-} 和 $S_2O_3^{2-}$ 的歧化分解：

$$S_x^{2-} + 2H^+ \Longrightarrow (x-1)S^0 + H_2S \tag{4-8}$$

$$S_2O_3^{2-} + 2H^+ \Longrightarrow SO_2 + H_2O + S^0 \tag{4-9}$$

S_x^{2-} 分解会生成单质硫，使 LSSS 原液颜色从橙红色变成无色。因此，常常加入氨水使 LSSS 浸金过程处于碱性环境中，抑制酸引起的 S_x^{2-} 和 $S_2O_3^{2-}$ 分解。增大溶解氧会加速 S_x^{2-} 的氧化，生成较稳定的 $S_2O_3^{2-}$：

$$S_x^{2-} \Longrightarrow (x-1)S^0 + S^{2-} \tag{4-10}$$

$$2S^{2-} + H_2O + 2O_2 \Longrightarrow S_2O_3^{2-} + 2OH^- \tag{4-11}$$

此过程会引起 $S_2O_3^{2-}$ 浓度的波动，但 $S_2O_3^{2-}$ 具有一定的还原性，溶解氧可将其氧化为 SO_3^{2-}：

$$S_2O_3^{2-} + 2OH^- + O_2 \Longrightarrow 2SO_3^{2-} + H_2O \tag{4-12}$$

因此，通入空气会使 LSSS 溶液中的有效成分大量消耗，浸出液失效。

4.3 石硫合剂的配制

4.3.1 原料

石硫合剂的主要原料是生石灰和硫黄粉，其质量的好坏决定了石硫合剂原液浸出能力的强弱，而其中生石灰质量对原液质量影响最大。呈粉末状的消石灰及杂质过多的生石灰不宜采用，所用的生石灰最好为白色、含杂质少、质轻而未吸湿风化的块状石灰。硫黄粉宜细不宜粗，如果是块状硫黄需要先加工成硫黄粉后方可使用，加工后的硫黄粉最好能小于 $45\mu m$[39]。

4.3.2 配制方法[39]

4.3.2.1 方法 1

生石灰、硫黄粉、水的配料比例为 1:2:13 或 1:2:15。按此比例熬制时，可避免熬制过程中不断加水的麻烦。具体步骤为：

(1) 将称量好的优质生石灰放入锅内，加入少量水使石灰消解，后再加足水量，快速升温烧开后，滤出渣子。

(2) 用少量热水将硫黄粉调制成硫黄糊。

(3) 将硫黄糊沿锅边缓缓倒入配好的石灰水中，同时不断搅拌，并记录下水位线。

(4) 加火熬煮至沸腾，并保持沸腾 45~60min。熬煮时火力要猛而均匀，沸腾后停止搅拌。熬煮过程中蒸发的水分要用热水补充，在停火前 15min 加够。

(5) 当锅中溶液呈酱油色或深红棕色、底渣呈蓝绿色时，停止加热。

(6) 经过冷却过滤或沉淀后，清液即为石硫合剂母液。

　　根据药液色泽可判断确定是否熬好，以药液酱油色底渣黄色微绿为好。熬制过程中如果煮的火力太旺或者时间过长，药液颜色转为深绿色，药液中已经生成的多硫化钙与空气中的氧发生反应，生成硫代硫酸钙，此时浓度虽大但有效成分低；熬制的火力或时间不够时药液呈黄褐色，底渣也呈黄色，此时浓度低有效成分也低。

4.3.2.2　方法2

　　生石灰、硫黄粉、水、石块的配料比例为1∶2∶15∶5，其中还需加入总水量0.4%的洗衣粉，洗衣粉以中性为佳。采用两锅相连方式，炉膛要大而广。具体步骤为：

　　（1）根据配置的比例先将前锅中加好水，后锅再加水，后锅的水要多于前锅，盖上锅盖开始加热。

　　（2）烧好开水供给前锅备用，以保证前锅的水量固定在一个比例。

　　（3）将洗衣粉先化好以备用，等水温达到60℃时将其倒进锅里进行搅拌，硫黄粉随后再慢慢地均匀撒在锅里，边撒边搅拌，由于洗衣粉的存在，硫磺粉会很快溶于水中。

　　（4）等水温达到80℃时立即把石灰块顺锅边放入锅里，石头块也随后放到锅里起搅拌作用，盖上锅盖进行熬制，此时开始计时。

　　（5）熬制时，水快速沸腾，硫黄和石灰开始发生反应，此时炉膛里的火应大而均匀，保持锅内沸腾，以便加快反应速度（升温过程应掌握前大、中稳、后小，始终保持整个锅沸腾）。

　　（6）熬制25min时，应及时观察火候。当药液熬到酱油色、锅底渣变为深绿色时马上停火出锅。

　　若底渣呈黄绿色，表明火候不到，应继续加火熬制；若底渣呈墨绿色，则说明火候已过，有效成分开始分解。火候是该方法熬制石硫合剂药液的关键因素所在。

　　此方法熬制出的石硫合剂药液中多硫化钙的含量高，结晶少，底渣少，质量好，省力省工，还省燃料，药液可增加30%，人工节省40%，燃料节省50%。采用两锅相连的方式，锅内温度均衡适宜，且可防止硫黄蒸发，减轻对作业环境及周边环境的污染。

4.3.3　配制石硫合剂的注意事项

　　配制石硫合剂的注意事项有：

　　（1）石硫合剂属强碱性药剂，熬制和贮存时，只可用铁质或陶瓷容器，忌用铜、铝容器。

（2）尽量随配随用，长期贮存易产生沉淀，挥发出硫化氢气体。

（3）原液贮藏时应密闭隔氧。因为多硫化钙的性质很不稳定，若石硫合剂原液处于敞开体系，极易被空气中的二氧化碳、氧分解，原液面结成一层硬皮，底部产生沉淀。故需用小口容器或塑料桶等密封，在液面滴加少许煤油，这样可做到与空气隔绝，并延长贮藏期。如果密封做得好，可保存半年。

4.4　石硫合剂浸出实例

石硫合剂法的浸金过程是多硫化物和硫代硫酸盐两者的联合作用，有学者认为石硫合剂法具有优越的浸金性能，更适于处理含 Cu、C、As、Pb 等的难处理金矿。袁喜振[40]采用石硫合剂质量分数为 25% 的浸液处理某含铜金矿，金的浸出率为 73.5%。张箭等采用石硫合剂法对高硫镍精矿氯化渣（含 S 为 61.5%）、高铅铜砷精矿（含 Pb 为 37.1%）、高铜多金属硫化矿（含 Cu 为 3.9%）和高砷硫化矿（含 As 为 5.89%）做了系统的浸金试验研究，金的浸出率均可达 95% 以上，优于氰化法。郁能文对某高铅顽固金矿用石硫合剂法浸出，金的浸出率达 79%，而氰化法的金浸出率只有 35%。陈安江[41]等对河南省某金矿原矿用石硫合剂法浸出，常温常压下，浸出时间为 3h 时金的浸出率即达 94%，高于常规氰化法的 50%。周军等人对含 C、As 细微金矿石采用了石硫合剂浸金工艺，同时对药剂进行了改性，使得原生矿浸出率达到了 90%。李晶莹[42]等用石硫合剂法浸出废弃印刷电路板中的金，金的浸出率可达到 85% 以上。

4.5　改性石硫合剂

改性石硫合剂英文简写为 ML（即 Modified LSSS），是在石硫合剂的基础上研制的一种新型浸金试剂，浸金的主要成分与石硫合剂类似，同为 S_x^{2-}、$S_2O_3^{2-}$，不同的是改性石硫合剂将有效浸金成分 S_x^{2-}、$S_2O_3^{2-}$ 的比例进行了优化，其中部分 S_x^{2-} 氧化为 $S_2O_3^{2-}$，$S_2O_3^{2-}$ 的含量增加。该体系能在低碱度、低浓度范围内有效浸金，且浸出过程更加稳定，体系中的有关参数便于调节和控制，金浸出速度快。

某金矿石中矿物可磨性差异大，部分矿物细磨易泥化，矿石中的斜方钙沸石吸附性强，氰化浸金回收率低。冯杰[43]对该金矿采用改性石硫合剂法搅拌浸金研究，当矿浆液固比为 2:1、磨矿细度为 -45μm 占 55%、矿浆 pH 值为 11.0、浸出时为 6h、改性石硫合剂用量为 8kg/t 及 H_2O_2 投加量为 3.33kg/t 时，金的浸出率为 89.81%，比氰化浸出提高了 16.35%。H_2O_2 释放的溶解氧能促进石硫合剂中有效浸金成分与金的反应，还能氧化载金黄铁矿，促进金的浸出，其反应如下：

$$FeS_2 + 4H_2O_2 = FeSO_4 + S^0 + 4H_2O \tag{4-13}$$

广西某金矿氰化浸渣，该氰化渣里游离金的颗粒极细，且被铁氧化物包裹，难以解离。刘有才[44]用改性石硫合剂浸出，添加用量为 0.78g/500g 的氧化剂 CaO_2，金的浸出率达 78.57%。CaO_2 作为助浸剂，可以比较缓慢均衡地释放出氧化剂 H_2O_2：

$$CaO_2 + 2H_2O \Longrightarrow Ca(OH)_2 + H_2O_2 \qquad (4-14)$$

但 CaO_2 只有投加量小于 1~2kg/t 时有助浸作用。

刘有才[45]在石硫合剂中介入亚硫酸钠与铜氨络离子搅拌浸出某微细粒难浸金矿，认为该体系较石硫合剂使用更加方便。

张秋利[46]通过对毒砂和黄铁矿的侵蚀研究发现添加亚硫酸根的改性石硫合剂能够破坏矿物的结构，打开黄铁矿和毒砂的包裹，金的浸出率达到 90% 以上。

毒砂的氧化机理为：

$$FeAsS + 3OH^- + SO_3^{2-} + 2O_2 \Longrightarrow Fe(OH)_3 + AsO_4^{3-} + S_2O_3^{2-} \qquad (4-15)$$

黄铁矿的氧化过程可能是：

$$FeS_2 + 2SO_3^{2-} + 0.75O_2 + 1.5H_2O \Longrightarrow Fe(OH)_3 + 2S_2O_3^{2-} \qquad (4-16)$$

周军[47]认为加入 SO_3^{2-} 还有助于 ML 体系的稳定，其主要作用是：第一，可阻碍体系中 $S_2O_3^{2-}$ 的氧化；第二，能促进体系中沉淀物 CuS、Cu_2S 的返溶，并生成有效溶金成分。

4.6 本章小结

石硫合剂法是我国首创的无氰浸金技术，石硫合剂利用廉价易得的石灰和硫黄合制而成，无有毒物质，不会造成生态环境的污染；在碱性介质中浸出，对设备腐蚀性小；对矿石的适应性广，浸金选择性好，浸出液中杂质少，金回收方便；浸出时间短，约为氰化法的 1/4。尽管石硫合剂浸金具有这么多优点，但是其主要有效浸出成分不稳定，所得贵液的后续提金工艺较为复杂，后期的作业流程还不很完善，导致该方法现阶段无法进行大规模应用。

5　硫代硫酸盐法提金技术

近 40 年来，硫代硫酸盐作为一种安全、高效的非氰浸出剂引起人们的广泛关注，国内外科研工作者对其生产工艺、反应机理等进行了大量研究。目前，硫代硫酸盐已被公认为最有前景的非氰浸出剂。硫代硫酸盐法浸出金银通常在含铜的氨性硫代硫酸盐溶液中进行，$Cu(II)$ 作为反应的催化剂，氨用以稳定反应体系，并与 $Cu(II)$ 形成 $Cu(NH_3)_4^{2+}$ 作为氧化剂，硫代硫酸盐与金银络合形成可溶的稳定络合物[48~52]。

硫代硫酸盐法较氰化法具有显著优势。首先，氨性硫代硫酸盐溶液相对低毒，对环境的影响较小；其次，硫代硫酸盐法基本不受含铜、有机碳和硫化矿物的影响，对于难处理矿石仍可获得较满意的回收率[53~56]。下面就对硫代硫酸盐浸出法进行简单的介绍。

5.1　硫代硫酸盐的化学性质

浸出金银时采用的硫代硫酸盐主要有硫代硫酸钠和硫代硫酸铵，均为无色或白色粒状晶体，易溶于水，在干燥空气中易风化，在潮湿空气中易潮解，加热至 100~150℃ 时可分解。硫代硫酸盐具有低毒性，其 LD_{50}（需要杀死总数 50% 的剂量）为 $(7.5 \pm 0.752)/kg$ 老鼠。通常用来做肥料，以及间接和直接作为食品的配料，被认为是安全的。由于毒性低和具有肥料性质，所以硫代硫酸盐比氰化物在环境方面有很多优点。但是，水系中高浓度硫代硫酸铵会使水体营养过剩，河流和湖泊中的藻类生长过快，这主要是铵的降解产物引起的。

硫代硫酸根（见图 5-1）与硫酸根结构上相似，其分子是四面体结构，有一个中心硫和一个外围硫（$S—SO_3$）。硫原子比氧原子大，形成较弱的 π 键。

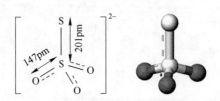

图 5-1　硫代硫酸根离子结构图

硫代硫酸盐能与许多金属（金、银、铜、铁、铂、钯、汞、镍、镉）离子形成络合物[57,58]，如：

$$Au^+ + 2S_2O_3^{2-} \Longrightarrow Au(S_2O_3)_2^{3-} \qquad (5-1)$$

$$Ag^+ + 2S_2O_3^{2-} \Longrightarrow Au(S_2O_3)_2^{3-} \qquad (5-2)$$

这是硫代硫酸盐法浸出金、银的基础之一。

硫代硫酸盐与酸作用时形成的硫代硫酸立即分解为硫和亚硫酸，后者又立即分解为二氧化硫，反应式为：

$$S_2O_3^{2-} + 2H^+ \Longrightarrow H_2O + SO_2 + S \qquad (5-3)$$

在 $S_2O_3^{2-}$ 中的 2 个 S 原子的化合价平均值为 +2 价，它具有温和的还原性，例如：

$$S_2O_3^{2-} + 4Cl_2 + 5H_2O \Longrightarrow 2SO_4^{2-} + 8Cl^- + 10H^+ \qquad (5-4)$$

$$2S_2O_3^{2-} + I_2 \Longrightarrow S_4O_6^{2-} + 2I^- \qquad (5-5)$$

5.2 硫代硫酸盐浸出法发展史

有关硫代硫酸盐浸金研究最早的报告可以追溯到 20 世纪初期。在一种称之为 Patera 的方法中，金银矿石首先经氯化焙烧，然后再用硫代硫酸钠浸出焙砂。直到第二次世界大战前的很多年，氯化焙烧-硫代硫酸盐浸出法一直用于处理南美富银硫化矿石，在墨西哥的拉科罗拉多矿山也采用类似方法处理矿石。到 20 世纪 70 年代末，改用硫代硫酸铵从含铜硫化矿和加压浸出渣中回收贵金属，并申请了专利。伯利佐夫斯基（Berezowsky）和瑟夫顿（Sefton）开发了氨性硫代硫酸盐浸出法从硫化铜精矿的氧化氯浸渣中回收金和银的新工艺。龚乾等人报道了根据克尔利专利在墨西哥建立了大的硫代硫酸盐浸出法的选矿厂，但没有成功。纽蒙特金矿公司也在工业上对含碳金矿石进行了硫代硫酸盐堆浸。中南大学姜涛教授对硫代硫酸盐法的浸出理论进行了深入的研究[59,60]。国内沈阳矿冶研究所、长春黄金研究所等单位也对硫代硫酸盐法浸金进行了研究，并进行了工业试验[61~63]。

5.3 常压下氨性硫代硫酸盐浸出金的热力学原理

金、银的浸出通常在铜-氨-硫代硫酸盐混合溶液中进行，该体系中金、银有可能发生的反应为：

$$4Au + 8S_2O_3^{2-} + O_2 + 2H_2O \Longrightarrow 4Au(S_2O_3)_2^{3-} + 4OH^- \qquad (5-6)$$

$$4Ag + 8S_2O_3^{2-} + O_2 + 2H_2O \Longrightarrow 4Ag(S_2O_3)_2^{3-} + 4OH^- \qquad (5-7)$$

$$4Ag + 8NH_3 + O_2 + 2H_2O \Longrightarrow 4Ag(NH_3)_2^+ + 4OH^- \qquad (5-8)$$

$$AgCl + 2S_2O_3^{2-} \Longrightarrow Ag(S_2O_3)_2^{3-} + Cl^- \qquad (5-9)$$

$$2Ag_2S + 8NH_3 + 2O_2 + H_2O \Longrightarrow 4Ag(NH_3)_2^+ + S_2O_3^{2-} + 2OH^- \quad (5-10)$$

其中反应式（5-6）是有氧存在时，金在氨性硫代硫酸盐溶液中溶解的总化学反应式。反应式（5-7）至式（5-10）是不同形式的银（自然银、氯化银、硫化银）在氨性硫代硫酸盐溶液中溶解的化学反应。反应式（5-6）和反应式（5-7）的标准吉布斯自由能变化均为负值，表明氨性硫代硫酸盐法浸出金、银在热力学上是可行的。

5.4　硫代硫酸盐浸出金的化学原理

根据 Nernst 方程式，在没有络合剂存在的情况下，将单质金、银氧化为 Au^+ 和 Ag^+ 离子所需的电位分别为 1.69V、0.7991V，需要很强的氧化剂才能将其氧化溶解，而在含有络离子的溶液中金属离子的活度降低，金属的氧化电位随之降低。

$Au/Au(S_2O_3)_2^{3-}$ 的电极电位：

$$Au(S_2O_3)_2^{3-} + e = Au + 2S_2O_3^{2-} \tag{5-11}$$

$$\Delta G^\ominus = 2\Delta G_{S_2O_3^{2-}}^\ominus - \Delta G_{Au(S_2O_3)_2^{3-}}^\ominus = 12141.72 J/mol$$

由公式 $\Delta G^\ominus = -nFE$，得：

$$E_{Au/Au(S_2O_3)_2^{3-}} = -0.126V$$

$Ag/Ag(S_2O_3)_2^{3-}$ 的电极电位：

$$Ag(S_2O_3)_2^{3-} + e = Ag + 2S_2O_3^{2-} \tag{5-12}$$

$$\Delta G^\ominus = 2\Delta G_{S_2O_3^{2-}}^\ominus - \Delta G_{Ag(S_2O_3)_2^{3-}}^\ominus = 25930 J/mol$$

由公式 $\Delta G^\ominus = -nFE$，得：

$$E_{Ag/Ag(S_2O_3)_2^{3-}} = -0.269V$$

硫代硫酸盐溶液中，金的氧化电位由 1.69V 降至 -0.126V，同样，银的氧化还原电位也降至 -0.269V。可见，硫代硫酸盐的加入可以降低金、银的氧化还原电位，使金银的提取变得更加容易。

在有 Cu(Ⅱ) 存在的氨性硫代硫酸盐溶液中，金属金能被二价的铜氨络离子 $Cu(NH_3)_4^{2+}$ 氧化为金离子 Au^+，并与硫代硫酸根离子结合，形成络合物 $Au(S_2O_3)_2^{3-}$ 溶解于溶液中。$Cu(NH_3)_4^{2+}$ 则被直接还原为 $Cu(NH_3)_2^+$。有 $S_2O_3^{2-}$ 存在时，$Cu(NH_3)_2^+$ 转变为 $Cu(S_2O_3)_3^{5-[64~67]}$。反应式为：

$$Au + 2S_2O_3^{2-} + Cu(NH_3)_4^{2+} = Au(S_2O_3)_2^{3-} + 2NH_3 + Cu(NH_3)_2^+ \tag{5-13}$$

$$Au + 5S_2O_3^{2-} + Cu(NH_3)_4^{2+} = Au(S_2O_3)_2^{3-} + 4NH_3 + Cu(S_2O_3)_3^{5-} \tag{5-14}$$

而后，形成的 $Cu(NH_3)_2^+$ 和 $Cu(S_2O_3)_3^{5-}$ 又被溶液中的溶解氧和氨氧化为 $Cu(NH_3)_4^{2+}$：

$$2Cu(S_2O_3)_3^{5-} + 8NH_3 + 0.5O_2 + H_2O = 2Cu(NH_3)_4^{2+} + 2OH^- + 6S_2O_3^{2-} \tag{5-15}$$

$$2Cu(NH_3)_2^+ + 4NH_3 + 0.5O_2 + H_2O = 2Cu(NH_3)_4^{2+} + 2OH^- \tag{5-16}$$

姜涛[59,60]研究了金在硫代硫酸盐溶液中的电化学行为，并建立了氨性硫代硫酸盐溶液浸金的电化学催化机理模型，见图5-2。

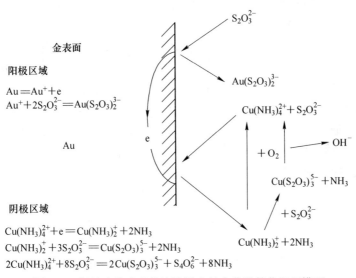

图 5-2 氨性硫代硫酸盐溶液浸金的电化学催化机理模型

（1）阳极区：氨催化 Au^+ 与 $S_2O_3^{2-}$ 的络合反应。

在阳极区，与金离子直接络合的不是 $S_2O_3^{2-}$ 而是 NH_3，NH_3 优先扩散至金表面与金络合生成金氨络离子，$Au(NH_3)_2^+$ 进入溶液后被 $S_2O_3^{2-}$ 取代，生成最终产物 $Au(S_2O_3)_2^{3-}$。反应式为：

$$Au \Longrightarrow Au^+ + e \tag{5-17}$$

$$Au^+ + 2NH_3 \Longrightarrow Au(NH_3)_2^+ \tag{5-18}$$

$$Au(NH_3)_2^+ + 2S_2O_3^{2-} \Longrightarrow Au(S_2O_3)_2^{3-} + 2NH_3 \tag{5-19}$$

（2）阴极区：$Cu(NH_3)_4^{2+}$ 催化氧的还原反应。

在阴极区，溶液中的 $Cu(NH_3)_4^{2+}$ 从金表面获得电子，直接还原成为 $Cu(NH_3)_2^+$。$S_2O_3^{2-}$ 存在时，$Cu(NH_3)_2^+$ 转变为 $Cu(S_2O_3)_3^{5-}$，进而被氧氧化为 $Cu(NH_3)_4^{2+}$。另外，部分 $Cu(NH_3)_2^+$ 也直接被氧氧化为 $Cu(NH_3)_4^{2+}$。反应式为：

$$Cu(NH_3)_4^{2+} + e \Longrightarrow Cu(NH_3)_2^+ + 2NH_3 \tag{5-20}$$

$$Cu(NH_3)_2^+ + 3S_2O_3^{2-} \Longrightarrow Cu(S_2O_3)_3^{5-} + 2NH_3 \tag{5-21}$$

$$4Cu(NH_3)_2^+ + O_2 + 2H_2O + 8NH_3 \Longrightarrow 4Cu(NH_3)_4^{2+} + 4OH^- \tag{5-22}$$

$$4Cu(S_2O_3)_3^{5-} + 16NH_3 + O_2 + 2H_2O \Longrightarrow 4Cu(NH_3)_4^{2+} + 4OH^- + 12S_2O_3^{2-} \tag{5-23}$$

5.5 硫代硫酸盐浸出体系中的其他化学反应

5.5.1 硫代硫酸盐的化学反应

硫代硫酸盐在体系中的主要作用是提供配位体，与贵金属形成稳定的络离子。反应过程中硫代硫酸根受到其他离子的作用，会发生一系列的副反应。Zelinsky 等人[68]研究发现，单纯硫代硫酸盐作用下，电位为 0.1~0.5V 区间，金以很低的浸出速率恒定溶解，在金电极上无钝化层形成；当电位超过 0.8V，$S_2O_3^{2-}$ 被氧化，金的表面完全钝化。Jeffrey[69]研究表明，在仅含有硫代硫酸盐的溶液中，电位较低时，每三个金原子表面覆盖一个硫原子；电位较高时，每一个金原子表面覆盖一个硫原子。电位越高，金的表面上聚集的硫原子越多。

Wood[70]通过研究发现，硫代硫酸盐在金的表面氧化形成连多硫酸盐或者是多硫聚物，伴随着氧气的吸附最终产物氧化成 SO_4^{2-}；刘克俊等[71]认为这一过程是复杂和缓慢的，可能经过多个副反应过程[72]：

$$S_2O_3^{2-} + S_4O_6^{2-} = S_5O_6^{2-} + SO_3^{2-} \tag{5-24}$$

$$SO_3^{2-} + S_4O_6^{2-} = S_3O_6^{2-} + S_2O_3^{2-} \tag{5-25}$$

$$2S_3O_6^{2-} + 6OH^- = S_2O_3^{2-} + 4SO_3^{2-} + 3H_2O \tag{5-26}$$

$$4S_4O_6^{2-} + 6OH^- = 5S_2O_3^{2-} + 2S_3O_6^{2-} + 3H_2O \tag{5-27}$$

$$2SO_3^{2-} + O_2 = 2SO_4^{2-} \tag{5-28}$$

硫代硫酸盐是一种亚稳态化合物，不仅自身易氧化分解，也会受到溶液中 Cu(Ⅱ) 的影响，使浸金液的组分变得复杂，浸金变得困难。

姜涛认为具有强氧化性的 $Cu(NH_3)_4^{2+}$ 会引起 $S_2O_3^{2-}$ 的快速分解，项朋志等[73]使用方波伏安法（SWV）和 Tafel 曲线研究证明，硫代硫酸盐直接和铜（Ⅱ）氨络离子发生氧化还原反应生成连多硫酸盐。该过程硫代硫酸盐反应为：

$$8S_2O_3^{2-} + 2Cu(NH_3)_4^{2+} = 2Cu(S_2O_3)_3^{5-} + S_4O_6^{2-} + 8NH_3 \tag{5-29}$$

Senanayake. G[74]认为铜离子将 $S_2O_3^{2-}$ 氧化成 $S_4O_6^{2-}$ 的过程是通过如下反应：

$$2[Cu(NH_3)_p(S_2O_3)_n]^{-2(n-1)} = 2[Cu(NH_3)_p(S_2O_3)_{n-1}]^{-2(n-3/2)} + S_4O_6^{2-} \tag{5-30}$$

崔毅琦[75]研究表明 $S_2O_3^{2-}$ 同样能被溶液中的 Cu(Ⅱ) 离子快速氧化生成 $S_4O_6^{2-}$，反应过程为：

$$2S_2O_3^{2-} + 2Cu^{2+} = 2Cu^+ + S_4O_6^{2-} \tag{5-31}$$

在氨性硫代硫酸盐体系中，硫氧离子自身的氧化还原反应、硫代硫酸根离子与铜离子、铜氨络离子发生的氧化还原反应都使硫代硫酸盐大量降解，影响金的浸出。字富庭等[76]认为可通过改善铜氨体系稳定硫代硫酸盐，如控制溶液中酸碱度、铜离子浓度或控制体系的电位等。

5.5.2　铜/铜氨络合离子的化学反应

氨性硫代硫酸盐浸出需控制浸出液在碱性（pH>9）条件下，这与铜离子的稳定有很大关系。铜离子若不与络离子形成络合物便会在 pH 为 4.67 时开始水解沉淀，当 pH 为 6.67 时基本上沉淀完全。当溶液中含有游离的氨分子、硫代硫酸根离子时，铜离子都能与之形成配合物。在氨性硫代硫酸盐浸金体系中，$Cu(NH_3)_4^{2+}/Cu(S_2O_3)_3^{5-}$ 分别为铜（Ⅱ）和铜（Ⅰ）离子的主要形式存在。

Karlin 和 Zubieta[77] 提出了硫代硫酸盐浸金过程中铜氨络离子具有催化作用，铜氨配合物的存在可以加快金的溶解速率 18~20 倍。

Breuer[78] 也认为在氨性硫代硫酸盐浸金体系中，真正起氧化催化作用的是铜氨络离子 $Cu(NH_3)_4^{2+}$。铜氨络离子 $Cu(NH_3)_4^{2+}$ 较氧气具有更好的氧化效果：第一，氧在水中的溶解度很低，一般情况下为 $10^{-4} mol/L$，而 $Cu(NH_3)_4^{2+}$ 在水溶液中的浓度可比 O_2 高上百倍；第二，$Cu(NH_3)_4^{2+}$ 除了可以像 O_2 那样通过扩散和对流至阴极表面，还能借助电迁移的方式传递到阴极表面，即使是 $Cu(NH_3)_4^{2+}$ 的浓度低至 $10^{-3} mol/L$ 时其扩散通量仍为 O_2 的 7 倍；第三，与 O_2/OH^- 相比较，$Cu(NH_3)_4^{2+}/Cu(NH_3)_4^+$ 电对具有更好的氧化还原可逆性。

Zhang.S 等[79] 通过电化学测试和浸出试验验证了含铜氨性硫代硫酸盐体系下铜离子对金溶解的催化作用。研究表明，Cu(Ⅱ)浓度的增加对金的阳极溶解有积极的正向作用，当电位超过 0.3V，金的溶解速率显著提高，但是电位在 0.28V 以下金的溶解缓慢，这可能是在较低的电位下金的表面发生部分钝化所致。

张良林等[80] 认为在硫代硫酸盐浸金过程中，氧化剂的氧化还原电位须满足 $\varphi_{氧化剂}>-0.128V$ 时，金的氧化才能顺利进行，$Cu(NH_3)_4^{2+}$ 作为氧化剂时，对金的浸出有很强的促进作用，当溶液中 $Cu(NH_3)_4^{2+}$ 浓度小于 $4×10^{-4} mol/L$ 时，硫代硫酸盐的消耗量持续升高；当 $Cu(NH_3)_4^{2+}$ 浓度大于 $4×10^{-4} mol/L$ 时，硫代硫酸盐的消耗量急剧上升，导致浸金速率反而有所下降。

铜氨络离子在硫代硫酸盐浸金过程中的作用是不可忽视的，但是应严格控制其浓度，有效发挥其催化和氧化作用，并在最大程度上减少硫代硫酸盐的消耗量。

5.5.3 氨/胺的化学反应

在氨性硫代硫酸盐浸出体系中，氨的作用是稳定浸金液中的 Cu^{2+}，形成 Cu(Ⅱ)-氨络合物，避免铜离子以固体形式沉淀阻碍浸出。在没有氨的条件下[81]，铜（Ⅱ）离子难以稳定，金溶解极化曲线有明显的钝化特征，金的溶出也很缓慢；而氨的加入能够在很大程度上改变金的阳极溶解特性，使钝化作用减弱，峰电位负移，峰电流增大，金的溶出加快。Zhu 等[82] 通过分析氨存在时的化学阻抗谱认为，加氨后形成的中间产物对金的溶解起催化作用，其作用原理是通过氨稳定铜离子[83]，降低游离铜对硫代硫酸根离子的氧化，减少钝化物质的产生，同时还能在一定程度上减少硫代硫酸盐的消耗量，促进金的溶解。需要注意的是，氨的浓度太低时，浸金液中的 Cu^{2+} 仍很容易转化为 $Cu(OH)_2$ 沉淀，此时，硫代硫酸盐浸金体系中可以引入添加剂来稳定 Cu^{2+}，相关内容会在后面详细介绍。

姜涛[84] 发现金的阳极溶解行为不受铜离子和铜氨络离子的影响，但是氨的存在能够显著改变金的阳极溶解特性、大幅度减弱钝化作用、增加峰值电流，促进金的阳极溶解。姜涛、陈苠[85] 认为在硫代硫酸盐浸金的过程中，氨的作用是优先扩散到金的表面形成金氨络离子，继而参与电极的电化学反应。实验表明随着 NH_3 浓度的增大，开路电位负移，表面电负性增大，当 NH_3 的浓度达到 1.0mol/L 时，开路电位负移至 −600mV（SCE），金表面电性对 $S_2O_3^{2-}$ 产生静电排斥作用，抑制硫代硫酸根向金表面输送，而 NH_3 的输送几乎不受影响。

NH_3 优先扩散到金的表面和游离出的金离子络合生成 $Au(NH_3)_2^+$，Baron. J. Y 等[86] 通过 SERS 光谱分析认为，NH_3 与 Au^+ 形成的表面配合物可以抑制钝化物产生或在金表面上吸附，有效提高金的溶解率。

对 $Cu-NH_3-H_2O$ 系电位−pH 图的研究表明[87]，[NH_3]/[Cu^{2+}] 比值越大，$Cu(NH_3)_4^{2+}$ 稳定区域越大，浸金率越高。根据 $Cu(NH_3)_4^{2+}$ 的稳定常数（4.7×10^{12}）可以近似算出，只有保证浸出结束时剩余的 NH_3 浓度在 2.5mol/L 以上，才能得到较高的浸出率。刘克俊等[71] 发现，在（NH_4）$_2S_2O_3$ 浓度 1.0mol/L，$CuSO_4$ 浓度 0.03mol/L 条件下，金的溶解率随氨离子浓度的增大而增大，当 NH_4OH 浓度为 2.0~3.0mol/L 时，金的溶解率达到最大。当 NH_4OH 浓度高于 3.0mol/L 时，金的溶解率开始下降，随着氨浓度的不断增大，硫代硫酸盐的氧化率有直线下降的趋势。

许姣[88] 研究了氨浓度对电极行为的影响，发现在 $S_2O_3^{2-}$ 为 0.1mol/L，NH_3 在 0~1.0mol/L 的范围内变化时，随着氨浓度的升高，腐蚀电位降低，腐蚀电流密度升高，而电阻先降低后升高，氨的加入促进了金的腐蚀。然而，当氨的浓度超过 0.6mol/L 时，腐蚀电流密度上升幅度减小，线性极化电阻升高，腐蚀速率减弱。从热力学角度讲，高浓度的氨对金的溶解是有利的，但是从腐蚀电流密度和线性极化电阻这两个动力学参数解释[89]，高浓度的氨水中 pH 值较大，可能不利于 Au 与 $S_2O_3^{2-}$ 反应生成 $Au(S_2O_3)_2^{3-}$，导致高浓度氨水体系中金的溶解速率提高不明显。

Jeffrey[90] 实验发现在含有 0.025mol/L 铜、0.2mol/L 硫代硫酸盐的溶液中，氨的最佳浓度为 0.4mol/L，此时金的溶出电流最大，浸出率最高。Jeffrey 认为当浓度低于 0.4mol/L 时，大量的 Cu（Ⅱ）与硫代硫酸盐反应，而对金溶解起催化作用的 $Cu(NH_3)_4^{2+}$ 的浓度较低，导致金的浸出率不高；当浓度高于 0.4mol/L 时，Cu^{2+}/Cu^+ 电对的氧化电位降低，溶液中反应的驱动力减弱，金的浸出率也随之下降。另外，氨分子浓度直接影响溶液中 Cu（Ⅱ）与 Cu（Ⅰ）的比例，进而影响金在硫代硫酸盐溶液中的溶解速率。

胡显智[91]采用乙二胺代替氨或铵盐，形成胺性硫代硫酸盐体系。乙二胺是一种双齿结构配体，能和许多过渡金属离子形成稳定的络合物，其中 Cu(Ⅱ) 与乙二胺发生三级络合反应，过程为：

$$Cu^{2+} + en \Longrightarrow Cu(en)^{2+} \tag{5-32}$$

$$Cu^{2+} + 2en \Longrightarrow Cu(en)_2^{2+} \tag{5-33}$$

$$Cu^{2+} + 3en \Longrightarrow Cu(en)_3^{2+} \tag{5-34}$$

其中，$Cu(en)_2^{2+}$ 的稳定性最好，当乙二胺的浓度为 $0.01 \sim 0.9$mol/L 时，Cu(Ⅱ) 几乎全部以 $Cu(en)_2^{2+}$ 状态存在，其他两种形态可忽略不计。$Cu(en)_2^{2+}$ 比 $Cu(NH_3)_4^{2+}$ 更加稳定[92]，尤其是在较宽的 pH 值范围内。因为 $Cu(NH_3)_4^{2+}$ 仅在较窄的 pH 值范围内稳定，pH 值升高和降低都很容易转化为 $Cu(OH)_2$，字富庭[93]计算得出，pH 值在 $6 \sim 10$ 的范围内，含乙二胺的硫代硫酸盐浸金液中的 Cu(Ⅱ) 主要以 $Cu(en)_2^{2+}$ 形式存在，而不会有 $Cu(OH)_2$ 生成。

乙二胺也可以与 Cu(Ⅰ) 络合成 $Cu(en)^+$，但是 $Cu(en)^+$ 的稳定常数小于 $Cu(S_2O_3)_3^{5-}$，因此，硫代硫酸盐溶液中的 Cu(Ⅰ) 主要以 $Cu(S_2O_3)_3^{5-}$ 的形式存在。字富庭[93]研究认为，即使 $S_2O_3^{2-}$ 浓度很低时，浸金液中 $Cu(S_2O_3)_3^{5-}$ 可以占总 Cu(Ⅰ) 的 80%。

Xia[94]也认为硫代硫酸盐-铜-乙二胺体系中铜的主要存在形式是 $Cu(en)_2^{2+}$/$Cu(S_2O_3)_3^{5-}$，发生如下反应：

$$Cu^+ + en \Longrightarrow Cu(en)^+ \tag{5-35}$$

$$Cu(en)^+ + 3S_2O_3^{2-} \Longrightarrow Cu(S_2O_3)_3^{5-} + en \tag{5-36}$$

$$4Cu(S_2O_3)_3^{5-} + 8en + O_2 + 2H_2O \Longrightarrow 4Cu(en)_2^{2+} + 12S_2O_3^{2-} + 4OH^- \tag{5-37}$$

聂彦合[95]研究表明二乙二胺合铜离子 $Cu(en)_2^{2+}$ 能减轻硫代硫酸盐氧化产物对阴极造成的不利影响。乙二胺的加入可使金的腐蚀电流密度提高 8.78 倍，腐蚀电位降低 137.6%，促进金的腐蚀，其主要原因是：第一，在乙二胺络合溶液中，Cu(Ⅱ) 还原为 Cu(Ⅰ) 的电位正移，加快了 Cu(Ⅱ) 的还原；第二，$Cu(en)_2^{2+}$ 减弱了金表面铜、硫钝化层的形成。

项朋志等[96]采用电化学手段研究乙二胺浓度对金浸出的影响认为，在一定浓度内增大乙二胺浓度对金的溶出是有利的。在 $0.02 \sim 0.06$mol/L 范围，金的溶出峰电流随乙二胺浓度增加不断地增大，当乙二胺浓度达到 0.06mol/L 时，浸出效果最佳，但是浓度再往上增大，金的溶出峰电流反而会减小。某卡林型金矿石的最佳工艺试验[97]和电化学研究结果基本一致。

5.6 硫代硫酸盐的消耗及解决措施

硫代硫酸盐易氧化、分解，在浸出过程中可能分解成连多硫酸盐和硫酸盐等多种产物，造成硫代硫酸盐的大量消耗。该问题是导致硫代硫酸盐法在工业应用中难以推广的原因之一，因此对硫代硫酸盐消耗量的控制一直是氨性硫代硫酸盐法的研究热点[98]。深入研究硫代硫酸盐的降解规律，降低浸出过程中硫代硫酸盐的消耗量，具有非常重要的意义。

5.6.1　影响硫代硫酸盐消耗的主要因素

在浸出过程中，硫代硫酸盐的消耗形式有三种：自身分解、氧化剂的氧化和在矿物表面的吸附。其中，硫代硫酸盐被氧化剂氧化造成的损耗占比最大，像 Cu^{2+}、$Cu(NH_3)_4^{2+}$ 这些具有氧化性的物质都会引起硫代硫酸根的氧化和降解，而矿物吸附所占比例很小[99]。

5.6.1.1　铜离子浓度对硫代硫酸盐消耗的影响

Rivera[100] 的研究表明，在只有 O_2 没有铜和氨的硫代硫酸盐溶液中发生的浸金化学反应见方程式（5-6），在这一过程中，硫代硫酸盐的浓度基本恒定，没有发生明显的氧化或分解。可见溶液中的细菌、空气中的氧气、二氧化碳等因素都不是引起硫代硫酸盐大量消耗的主要原因。

Jeffrey 等人[101] 的研究表明，在含铜和氨的浸出体系中，存在氧气时硫代硫酸盐的降解率远高于不存在氧气时的降解率，这是由于浸出体系中的溶解氧会把 $Cu(I)$ 氧化为 $Cu(II)$，$Cu(II)$ 是影响硫代硫酸盐消耗的主要因素之一[102]。Cu^{2+} 与 $S_2O_3^{2-}$ 之间的化学反应为[74]：

$$2Cu^{2+} + 4S_2O_3^{2-} \longrightarrow 2CuS_2O_3^- + S_4O_6^{2-} \tag{5-38}$$

$$2Cu^{2+} + 6S_2O_3^{2-} \longrightarrow 2Cu(S_2O_3)_2^{3-} + S_4O_6^{2-} \tag{5-39}$$

$$2Cu^{2+} + 8S_2O_3^{2-} \longrightarrow 2Cu(S_2O_3)_3^{5-} + S_4O_6^{2-} \tag{5-40}$$

童雄[103] 在大量实验的基础上发现，在一定范围内硫代硫酸盐的消耗率随着 Cu^{2+} 浓度的增加呈直线上升趋势。

结合 Cu^{2+} 在浸金过程中作用可知，其存在既有利又有弊，一方面它可以催化金的浸出，提高浸出率，另一方面又会导致硫代硫酸盐的大量消耗。综合考虑，实践过程中，应该在保证浸出率较高的前提下尽可能降低 Cu^{2+} 的浓度。

5.6.1.2　铜氨络离子浓度对硫代硫酸盐消耗的影响

王丹[104] 发现在常温常压下，将无硫酸铜的硫代硫酸盐浸出液 pH 值调为 10，浸出时间为 4h，随着氨水浓度增加，硫代硫酸盐消耗率几乎没有变化，维持在 3% 左右，因此氨水对硫代硫酸盐的消耗率没有直接影响。

沈智慧[105] 浸出某微细浸染型金矿，在常温常压，药剂用量为 $Na_2S_2O_3$ 0.4mol/L，Na_2SO_3 0.2mol/L，Cu_2SO_4 4g/L，pH 值为 9.5 条件下浸出，氨水用量适当增大时，铜氨络离子稳定区间变大，促进金的浸出；但是当氨水浓度超过某一界限时，会使得铜氨络离子浓度过高，导致更多的硫代硫酸盐转化为连四硫酸盐而损失掉。

姜涛[106]认为铜氨络离子氧化硫代硫酸盐，导致硫代硫酸盐的消耗，其作用原理可能和 Cu^{2+} 类似，发生如下氧化反应：

$$Cu(NH_3) \cdot H_2O^{2+} + S_2O_3^{2-} \longrightarrow Cu(NH_3)^+ + 1/2S_4O_6^{2-} + H_2O \quad (5-41)$$

当溶液中铵根离子浓度较低时，可能发生以下反应：

$$Cu(NH_3)_4^{2+} + S_2O_3^{2-} \longrightarrow Cu(NH_3)_3^+ + 1/2S_4O_6^{2-} + NH_3 \quad (5-42)$$

因此，在硫代硫酸盐浸出金银的过程中，铜氨络离子应保持在最佳范围内。同时，根据化学反应平衡原理，在浸出液中适当浓度的游离 NH_3 可以在一定程度上降低硫代硫酸盐的氧化消耗量。

5.6.1.3 pH 值对硫代硫酸盐消耗的影响

项朋志[107]研究 pH 值对金回收率的影响时发现，仅加入硫代硫酸盐的浸出液在 pH 值 8.50~11.50 的碱性条件下，硫代硫酸盐消耗率受 pH 值变化影响不太大。

在氨性硫代硫酸盐体系中[108]，pH 值为 8.10 左右的情况下，硫代硫酸盐消耗率较小，且消耗率不随时间变化；但当 pH 值升至 10.10 以后，消耗率会明显增大，而且消耗率还会随时间延长逐渐变大。这是由于在较低 pH 值（小于8.10）的情况下，溶液中无游离氨存在，浸取液中的铜离子主要以 $Cu(S_2O_3)_2^{2-}$ 形式存在，而在 pH 值相对较高（大于 10.10）的溶液中，有游离氨存在，铜以 $Cu(NH_3)_4^{2+}$ 和 $Cu(NH_3)_2^+$ 型体存在[109]。换句话说，铜氨络离子的有效浓度主要由体系的 pH 值决定，铜氨络离子浓度在一定范围内随 pH 值增加而增大，这进一步说明 $Cu(NH_3)_4^{2+}$ 的大量存在是造成硫代硫酸盐消耗的主要原因之一。

5.6.2 降低硫代硫酸盐消耗的途径

在氨性硫代硫酸盐浸出体系中，硫代硫酸盐消耗主要是由 Cu^{2+}，$Cu(NH_3)_4^{2+}$ 等离子的氧化引起的，降低硫代硫酸盐消耗的途径主要有以下四个方面：第一，控制浸出体系中化学试剂的浓度；第二，向浸出液中加入添加剂；第三，对矿石进行预处理，使其达到适宜浸出的条件；第四，通过控制反应条件，使硫代硫酸根离子再生循环使用。在实际浸出过程中，由于连多硫酸盐的积累以及某些金属离子的干扰，浸出环境较为复杂，硫代硫酸根循环再生利用难以实现。因此，控制试剂浓度、加入添加剂和对矿石预处理是较为有效地降低硫代硫酸盐消耗的手段。

5.6.2.1 控制试剂浓度

较为简单的降低硫代硫酸盐消耗的途径就是稳定浸取液中各离子的浓度，在保证较高的金浸出率的前提下，尽可能降低导致硫代硫酸盐消耗的离子浓度。

（1）控制溶解氧浓度。虽然在没有铜离子和铵根离子的情况下，硫代硫酸盐的消耗量并不会受到氧气含量的影响。但是，在氨性硫代硫酸盐浸出体系中，铜离子和铵根离子都是存在的。Valentin 等[110]研究了在氨性硫代硫酸盐浸银过程中，不同氧气浓度对于银的浸出率和硫代硫酸盐消耗的影响。结果表明：在硫代硫酸盐浓度较低的情况下，当溶解氧浓度低于 1mg/L 时，硫代硫酸盐的消耗率仅为 20%左右，但当溶解氧浓度升高至 4mg/L 时，硫代硫酸盐的消耗率达到了 90%左右。所以，在氨性硫代硫酸盐浸出体系中，当溶解氧浓度过高时，氧气虽不会直接氧化硫代硫酸根，但是会加速 Cu(Ⅱ) 的生成，造成硫代硫酸根的大量损耗。

（2）控制铜离子浓度。姜涛[106]在用硫代硫酸盐浸出含铜金矿时发现，即使不外加铜离子也可以获得比较理想的浸出率。这是由于外加氨与矿石中的铜作用生成了铜氨络离子，这种在矿粒表面新生成的铜氨络离子比外加铜离子形成的铜氨络离子的活性更强、对金的催化氧化作用更好。另外，外加的铜离子会增加硫代硫酸盐的消耗[111]，金的浸出率提高 1%左右的情况下，外加铜离子对硫代硫酸盐的消耗率却是不外加铜离子时的三倍。

大多数金矿石与铜矿物伴生，由于浸金所需的铜离子量较小，故大部分金矿石和金精矿可以在只加氨而不加铜离子的条件下实现对金的浸出。对于本身不含铜的金矿，在进行浸出时须外加铜离子，为了避免铜离子浓度较高时对硫代硫酸盐的氧化分解，应在确保获得较高浸出率的前提下，尽可能降低铜离子浓度。

（3）控制硫代硫酸盐浓度。曹昌林[112]为了降低硫代硫酸盐浸金工艺中 $S_2O_3^{2-}$ 的消耗，考察了硫代硫酸盐用量对金浸取率的影响，在 3g/L $CuSO_4$，0.8mol/L(NH_4)$_2SO_4$，3mol/L 氨水，pH 值为 10.2，浸出 2h 的条件下，逐渐增大硫代硫酸盐的浓度至 0.2mol/L 时，金的浸出率达到 97.7%，与目前普通使用的硫代硫酸盐浸金工艺相比，试剂消耗大为降低，同时减少了浸渣经洗涤后的夹带损失，减轻了洗涤负荷，使工艺便于实施。

Valentin[110]在溶解氧浓度较低的情况下，采用低浓度的硫代硫酸盐浸出银，得到了较高的银浸出率，而且硫代硫酸盐的损失率较低。

5.6.2.2 加入添加剂

目前，可用于硫代硫酸盐体系中的添加剂种类较多，作用机理也各不相同，有的添加剂通过控制铜氨络离子的浓度控制硫代硫酸盐的消耗，有些则可以直接阻止矿物中的杂质与硫代硫酸盐反应。

A 氨水

由于 NH_3/NH_4^+ 离子具有很好的 pH 缓冲作用，在氨性硫代硫酸盐溶液中适量添加氨水，可以为浸金体系提供较为稳定的碱性条件，有利于阻止 pH 值过低导致的硫代硫酸盐分解，从而稳定硫代硫酸盐的消耗量[112]。姜涛等[106]在 $S_2O_3^{2-}$ 浓度为 4.5%，搅拌速度为 1.54m/s，时间为 24h 的条件下，研究了氨对硫代硫酸盐稳定性的影响，结果表明，在 NH_3 浓度低于 8% 的范围内，氨对 $S_2O_3^{2-}$ 的分解作用较小，但溶液中的四氨合铜离子容易氧化分解硫代硫酸盐，转变为三氨合铜离子，反应式见（5-42）。

因此，适当提高溶液中游离氨的浓度有利于阻止 $S_2O_3^{2-}$ 的分解。但是，如果加入的氨水浓度过高反而会导致硫代硫酸盐的大量损耗[106]。

王丹[104]发现，在 $Na_2S_2O_3 \cdot 5H_2O$ 为 0.3mol/L，$CuSO_4$ 为 0.03mol/L，pH 值为 10 的溶液中，NH_3 浓度在 0~1.0mol/L 的范围内变化时，随着氨浓度的升高，硫代硫酸盐的消耗率不断增大；在 1.0~4.0mol/L 的范围内，氨浓度升高，硫代硫酸盐的消耗率则有不断减小的趋势。

M. I. Jeffreyt[90]系统地研究了氨性硫代硫酸盐体系中氨的作用。试验表明，在硫代硫酸盐 0.2mol/L，铜 25mmol/L 时，氨的最佳浓度为 0.4mol/L，此时浸出速率最大。当低于此浓度时，大量的 Cu(Ⅱ) 与硫代硫酸盐反应，促进硫代硫酸盐的消耗。

因此，通过试验确定最佳的氨水浓度，可以一定程度上减少硫代硫酸盐的消耗。

B 亚硫酸盐

王丹[104]在常温常压下采用硫代硫酸盐法浸金发现，Na_2SO_3 浓度在 0.00~0.15mol/L 范围内对硫代硫酸盐消耗率有一定影响。浸出液中含有 0.3mol/L $Na_2S_2O_3$，0.03mol/L $CuSO_4$，1mol/L 氨水，pH 值为 10，浸出时间为 4h，试验表明，浸出体系中 Na_2SO_3 的浓度从 0 增大至 0.05mol/L 时，硫代硫酸盐的消耗率迅速从 18.5% 下降到了 4% 左右，可见 Na_2SO_3 可以有效地增强 $Na_2S_2O_3$ 的稳定性，但当 Na_2SO_3 浓度大于 0.05mol/L 时，硫代硫酸盐消耗率随着亚硫酸盐浓度增加又会有所上升，但仍低于 7%。

也有研究发现[113]，SO_3^{2-} 还原性较强，过量的 SO_3^{2-} 会还原金的硫代硫酸盐络合物，进而影响浸金率。因此，适量添加 SO_3^{2-} 才能减少硫代硫酸盐的损耗。

C 硫化钠

与亚硫酸盐相似，根据化学平衡原理，添加硫离子也可以减少硫代硫酸盐的损失，其反应为[114]：

$$S_3O_6^{2-} + S^{2-} \longrightarrow 2S_2O_3^{2-} \tag{5-43}$$

$$4S_4O_6^{2-} + 2S^{2-} + 6OH^- \longrightarrow 9S_2O_3^{2-} + 3H_2O \tag{5-44}$$

$$3SO_3^{2-} + 2S^{2-} + 3H_2O \longrightarrow 2S_2O_3^{2-} + 6OH^- + S \tag{5-45}$$

$$4SO_3^{2-} + 2S^{2-} + 3H_2O \longrightarrow 3S_2O_3^{2-} + 6OH^- \tag{5-46}$$

$$SO_4^{2-} + S^{2-} + H_2O \longrightarrow S_2O_3^{2-} + 2OH^- \tag{5-47}$$

在浸金液中微量的硫离子可以减少硫代硫酸盐的损失，但是加入硫化钠后体系还可能会发生如下反应：

$$Cu(NH_3)_4^{2+} + S^{2-} \longrightarrow CuS + 4NH_3 \tag{5-48}$$

由于 CuS 溶度积很小，加入 S^{2-} 会使反应不断正向进行，生成的 CuS 附着在金的表面会阻碍金的进一步溶解，同时铜氨络离子的浓度变小，浸出率降低。因此，硫化钠的加入虽然可以降低硫代硫酸盐的损失，但并不利于金的浸出。

D 硫酸盐

胡洁雪等[115]研究发现加入 SO_4^{2-} 也可以使硫代硫酸根的消耗率降低，反应为：

$$S_2O_3^{2-} + 2O_2 + 2OH^- \longrightarrow 2SO_4^{2-} + H_2O \tag{5-49}$$

根据离子平衡关系，加入 SO_4^{2-} 使反应逆向进行，从而减小 $S_2O_3^{2-}$ 的消耗，然而 SO_4^{2-} 非常稳定，加入硫酸盐促使反应逆向进行的可能性不大。

Feng D[116]认为浸取含硫金矿时，向浸出体系中加入 SO_4^{2-} 可以抑制硫化矿的溶解，阻止其溶解产物在金表面形成钝化膜，提高金的浸出率，同时减少硫代硫酸盐的消耗。

E 乙二胺四乙酸二钠

氨性硫代硫酸盐浸出液中铜氨络离子的浓度是难以控制的，原因是金往往和含铜矿物伴生共存，在浸出过程中很容易造成铜氨络离子浓度上升，试剂被大量消耗。Xia C[117]等人在对含铜金矿浸出时加入乙二胺四乙酸二钠（EDTA），使硫代硫酸盐的消耗量从 77.9kg/t 降低至 17.4kg/t，同时保证提金率在 90% 以上。Feng D 等人[118]也对该方法进行了详细的研究，在含硫金矿浸出时，加入 EDTA 可阻止硫化铜和单质硫在金表面形成钝化层，试剂消耗只有未加入 EDTA 时的 33% 左右。

M. Aazami[119]等人认为浸出过程中硫代硫酸盐消耗的降低，可能是由于二价铜离子与 EDTA 形成的络离子更加稳定，从而减少了铜离子与硫代硫酸盐的反应。但是 EDTA 浓度并不是越高越好，当 EDTA 浓度过高时会导致金浸出率降低，这也和铜离子与 EDTA 形成的络合物稳定性较铜氨络离子的稳定性大有关，当 EDTA 浓度过大时，阻碍铜氨络离子的形成，从而造成金的浸出率下降。

F 羧甲基纤维素

D Feng[120]研究了羧甲基纤维素（CMC）对硫代硫酸盐浸金的影响，在常温常压，药剂用量为 0.1mol/L $(NH_4)_2S_2O_3$，0.5mol/L NH_3 和 50mg/L Cu^{2+} 的浸出条件下，浸出 24h 后，当未添加 CMC 时，硫代硫酸盐消耗率为 15% 左右，当 CMC 用量为 12.5mg/L 时，硫代硫酸盐消耗率下降到了 8% 左右，并且随着 CMC 浓度的增加，硫代硫酸盐的消耗还会进一步降低。究其原因可能是由于浸出液中

CMC与硫代硫酸盐都可以与铜离子形成络合物，CMC的羧甲基和羟基与硫代硫酸根中硫离子竞争，降低铜离子和硫代硫酸根的反应速率，二者的竞争关系增强了硫代硫酸根的稳定性。

Yong-bin[121]在研究硫代硫酸盐浸出含毒砂的金矿中发现，随着浸金体系中毒砂含量的增加，硫代硫酸盐消耗也会上升，而加入CMC可以减小毒砂的影响，降低硫代硫酸盐消耗。

G 氯化钠

王丹[104]研究发现，在常温常压下，NaCl浓度在0~1.2mol/L范围内，随着氯化钠浓度的增加，硫代硫酸盐的消耗速率不断下降，在氯化钠浓度为1.2mol/L时，硫代硫酸盐消耗率仅有无氯化钠加入时的33%。当氯化钠浓度大于1.4mol/L时，硫代硫酸盐消耗率下降较为缓慢。李汝雄等[122]认为，在氨性硫代硫酸盐体系中加入Cl$^-$，当Cl$^-$与NH$_3$比例适当时，会生成电中性配离子，该配离子扩散到溶液中后，配体被S$_2$O$_3^{2-}$取代，反应为：

$$Au^+ + Cl^- + NH_3 \longrightarrow Au(NH_3)Cl \tag{5-50}$$

$$Au(NH_3)Cl + 2S_2O_3^{2-} \longrightarrow Au(S_2O_3)_2^{3-} + NH_3 + Cl^- \tag{5-51}$$

在添加氯离子的溶液中，由于金的溶解速度加快，硫代硫酸根也可以更迅速地与金形成络合物，从而避免硫代硫酸根的快速氧化，有效地降低了浸出过程中硫代硫酸盐的消耗。

H 磷酸盐（正磷酸盐和六偏磷酸钠）

D Feng[123]试验研究发现，在硫代硫酸盐法浸出硫化金矿的过程中，硫代硫酸盐的消耗量随浸出液中加入的六偏磷酸钠和正磷酸盐量的增加而降低。浸出48h后，无任何添加剂的硫代硫酸盐消耗量为8.15kg/t，加入1.0g/L正磷酸盐和1.0g/L六偏磷酸钠的浸出液中硫代硫酸盐的消耗分别为5.19kg/t和5.56kg/t。这是由于磷酸盐容易与铜离子形成配合物，阻止硫代硫酸盐进入铜的配位体内发生反应，从而抑制铜氨络离子Cu(NH$_3$)$_4^{2+}$对硫代硫酸盐的氧化。

I 腐殖酸

Bin Xu[124]在研究添加剂对硫代硫酸盐消耗量和金浸出率影响的试验中发现，在无任何添加剂的情况下，用含有0.3mol/L Na$_2$S$_2$O$_3$，0.03mol/L CuSO$_4$，1mol/L氨水，pH=10的溶液浸金4h，硫代硫酸盐的消耗量达到42.4%。在相同条件下，向浸液中加入腐殖酸（HA），随着HA的用量逐渐增大至60mg/L，硫代硫酸盐的消耗量稳定在约11.5%。Bin Xu研究认为，HA之所以能够有效降低硫代硫酸盐的消耗率是由于HA减弱了铜离子与硫代硫酸盐之间的相互作用，减少了反应损耗。

J 氨基酸

D Feng[125]研究了DL-α-丙氨酸、甘氨酸、L-组氨酸和L-缬氨酸四种氨基酸对于硫代硫酸盐浸金的影响。在20℃常压条件下，未加入氨基酸的浸出液中，硫代硫酸盐消耗为12.6kg/t，但在分别加入了10mmol/L L-缬氨酸、甘氨酸、DL-α-丙氨酸和L-组氨酸的浸出液中，硫代硫酸盐的消耗量仅为6.6kg/t、6.3kg/t、5.2kg/t和4.5kg/t。当加入的氨基酸浓度超过10mmol/L时，再增加浓度硫代硫酸盐消耗仅略微减少。氨基酸具有络合Cu^{2+}的能力，在硫代硫酸盐溶液中加入氨基酸后，铜氨络合物的一部分转化为铜氨基酸络合物，这些稳定的铜氨基酸络合物有助于降低混合溶液的电位，从而减小硫代硫酸盐的消耗量。四种氨基酸中L-组氨酸能最大限度降低硫代硫酸盐的消耗，这与L-组氨酸与铜离子络合能力较强有关。

5.6.2.3 对矿石进行预处理

虽然我国金矿资源丰富，但在已探明的金矿资源中，近四分之一的金矿属于难选金矿。随着金矿资源日益减少，人们越来越关注难选金矿的开发。难选金矿中金的浸出率低的主要原因之一是金被其他矿物成分包裹，难以与浸出剂接触。为了提高金的浸出率，可对矿石进行预处理，使被包裹的金充分暴露[126]。

姜涛[127]等人在研究硫代硫酸盐法浸出某含铜金精矿时发现，在浸出金之前，使用氨水预先处理含铜金矿，利用预浸阶段生成的铜氨络合物在随后的硫代硫酸盐浸出过程中催化氧化金，当预浸时间为3h时，硫代硫酸盐消耗率相比无预浸处理时下降了71%左右，同时金的浸出率也有所提高。但是，进一步延长预浸时间至4h，硫代硫酸盐的消耗又有所升高，这可能是铜氨络离子浓度过高所致。

邓文[128]等人对贵州某含锑砷难处理金精矿进行了浸出研究，由于矿石中的金多被毒砂、黄铁矿和辉锑矿等矿物包裹，直接浸出时金的回收率较低。采用氧化焙烧-硫代硫酸盐浸出工艺处理该金矿，氧化焙烧1h，浸出率达到了92%，而且硫代硫酸盐的消耗仅为直接浸出的19%。

陈立乐[129]等人用硫代硫酸盐法浸出废旧IC芯片中的金，在浸出前先用质量分数为15%的硝酸溶液浸泡样品1h，此方法一方面减少了硫代硫酸盐与杂质反应，另一方面可以防止其他金属对浸出造成影响。

预处理可以改善难处理矿石的浸出效果，提高金的浸出率，降低硫代硫酸盐的消耗，预处理方案的选择应考虑矿石中各元素的赋存状态和性质。

5.7 从硫代硫酸盐浸出液中回收金银

从传统的氰化浸出液中回收金银的方法主要有：沉淀、电沉积、溶剂萃取、活性炭吸附和树脂吸附[130,131]。同样地，这些方法也可用于从氨性含铜硫代硫酸盐浸出液中回收金银。

5.7.1 置换法

通过加入金属粉末从浸出贵液中沉淀金、银的方法称为置换法，其主要机理为贱金属单质与贵金属离子间的氧化还原反应，选择氧化还原电位合适的沉淀剂可以取代溶液中的贵金属。从氨性硫代硫酸盐浸出液中回收金、银，常用的沉淀剂有铜和锌，有时铁和铝也可用于置换。

$$2Au^+ + M^0(s) = 2Au^0 + M^{2+} \qquad (5-52)$$

锌粉价格低廉，容易获得，但会将溶液中的铜置换出来，降低溶液中铜的浓度。Perez 提出用铜粉作为置换剂，并申请了专利。铜不失为一个好的选择，因为溶解于硫代硫酸盐溶液中的铜离子可在浸出液中重复利用。而且，当有铜存在时，无论是金属铜还是亚铜离子，都会显著增强金沉积的半反应[132]。然而，铜粉的用量通常较大[133]、置换成本较高，而且在置换的过程中铜粉的大量溶解会导致溶液的 pH 值降低。Karavasteva[134]用铜粉从氨性硫代硫酸盐浸出贵液中置换金，铜金摩尔比 $m(Cu)/m(Au)$ 为 50，李永芳[135]所用铜金比达到 200。Karavasteva 比较铝、锌、铁、铜等不同置换剂的效果后认为锌粉是最有效的置换剂，沉淀 1mol 的金需要 36.6mol 的锌粉。Arima H 也认为锌金比 $m(Zn)/m(Au)$ 至少 30，才能全部回收贵液中的金。铜置换金的过程存在两个动力学区域，即在金的快速置换期之前有一个诱导置换期[136]，此阶段置换反应缓慢。锌粉置换也存在与铜类似的情况，实验室研究发现，锌粉置换氨性硫代硫酸盐浸出贵液中的银也存在诱导期，当锌银比为 9 时，前 30min 银的置换率仅有 10%，之后反应速率加快，120min 银的置换率为 70%。

置换的效果不仅与置换剂有关，更是取决于被置换贵液的化学成分。氨性硫代硫酸盐浸出贵液中主要含有金和银的硫代硫酸盐络离子、游离的氨、铜氨络离子和硫代硫酸根等。

浸出贵液中的氨是否有利于置换法沉积贵金属，目前科研工作者们还没有达成共识。早前的研究显示，在铜粉置换金的过程中，氨会引起铜的氧化及铜氨络合物的形成，从而降低电流效率，导致置换率不高，Ravagliv 也认为较低的氨浓度有利于锌粉置换金[137]。李永芳[135]的研究表明氨浓度变化对铜粉置换金的影响不大。Choo 发现溶液中 0.4mol/L 的氨对铜粉置换金有积极作用，当氨存在时溶液的混合电位变得更负，金的沉淀速率更快，置换反应也由化学控制转变为扩散控制[132]。Guerra[138]认为较高浓度的氨有利于形成体积更小、流动性更好的金胺络合物，提高金的置换速率，然而大多数人认同在 pH 值 10 左右的溶液中一价金的硫代硫酸盐络离子更加稳定[139]。锌粉置换金的研究也表明提高 $w[NH_3]/w[S_2O_3^{2-}]$ 比，能够促进阴极反应，有利于金的沉淀[140]。虽然大家对氨的作用存在不同的看法，毋庸置疑的是，有氨存在的溶液中可溶性铜主要以二价铜的氨

络合物 $Cu(NH_3)_4^{2+}$ 形式存在。

$Cu(NH_3)_4^{2+}$ 是氨性硫代硫酸盐浸出体系中至关重要的物质，然而贵液中的 $Cu(NH_3)_4^{2+}$ 对金的置换却有不利的影响[141]：

（1）$Cu(NH_3)_4^{2+}$ 可氧化已经置换出的金，使其重新溶解，导致金的置换率下降。

（2）$Cu(NH_3)_4^{2+}$ 与锌粉、铜粉等置换剂间发生氧化还原反应，消耗大量置换剂，在硫代硫酸盐溶液中有二价铜存在时锌的消耗量大，置换沉淀产品中有大量的铜，有氧条件下，二价铜氨络离子也可氧化单质铜，生成一价铜氨络离子。

（3）$Cu(NH_3)_4^{2+}$ 会氧化硫代硫酸根，使其降解生成单质 S，覆盖于置换金属表面，降低置换速率。

（4）溶液中的 $Cu(NH_3)_4^{2+}$ 在置换过程中自身会生成 CuO、Cu_2O、$Cu_3(SO_4)(OH)_4$ 和 $Cu_4SO_4(OH)_6 \cdot 4H_2O$ 等固体物质形成钝化层，减少置换剂的活性点，降低置换率。

王治科、李永芳等向置换液中加入乙二胺四乙酸二钠，促使 $Cu(NH_3)_n^{2+}$ 解离，生成更稳定的 CuY^{2-} 络合物，降低了 Cu^{2+} 对置换的不利影响，提高了置换率，加快了置换速率。为了避免铜离子被置换的问题，有人提出在置换前加入适宜的还原性物质（如二氧化硫）使二价铜离子转化成一价铜离子，这会增加工艺的复杂性，而研究表明这一方法不能达到预期的效果。

还有一些研究通过加入硫化物、硼氢化钠、氢气和二氧化硫来沉淀贵金属，但这些方法可以从溶液中沉淀大部分种类的金属，选择性差。沉淀物中常含有一些杂质，一方面是未溶的沉淀剂，一方面是溶液中其他金属的共沉淀，为得到较高纯度的银单质，对沉淀物需要进一步的净化。

5.7.2　电沉积法

电沉积法是对溶液施加直流电，使其中的硫代硫酸盐络离子迁移至阴极得到电子并形成金属沉淀，从而回收金属的方法。由于溶液中含有大量的 Cu 离子，会导致金属产物的污染，需要进一步地提纯，副反应还涉及硫代硫酸盐的氧化和还原。为了从溶液中回收目的金属需增加输入能量，从而导致电流效率的降低。

5.7.3　溶剂萃取

萃取技术是将浸出液与不溶于水的有机萃取剂接触，使目的金属进入有机相而其他金属留在水相中，继而将有机相与水相分离，最后通过反萃得到目的金属。溶剂萃取法可以有效地处理含有较高浓度金、银的浸出液，伯、仲、叔胺，磷化氢氧化物和磷酸酯等都可用作萃取剂。作为有效的萃取剂，其效率由大到小为：伯胺>仲胺>叔胺，较大的烷基基团会增强有机相的稳定性。磷化合物、三烷基氧胺可促进伯胺的萃取行为。煤油和芳香族稀释剂较辛醇和氯仿更为有效，这是由于后者的电子诱导效应。试验研究表明，从合成的硫代硫酸盐溶液萃取金时，添加适量的氨能促进萃取，在一定程度上提高有机相对金的选择性[142,143]，有机相中的金、银可用 NaOH 水溶液反萃。

黄万抚等[144]采用烷基亚磷酯、伯胺、仲胺、叔胺等做萃取剂萃取硫代硫酸盐浸金贵液中的金，获得良好效果。在氨性介质中，用伯胺（RNH_3）萃取硫代硫酸金的反应为：

$$Au(S_2O_3)_2^{3-} + NH_4^+ + 2RNH_3 \rightleftharpoons NH_4(RNH_3)_2Au(S_2O_3)_2^{2-} \quad (5-53)$$

通常，伯胺萃取法分离金与其他离子是比较困难的，但是，加入少量的氨能很好地解决这个问题。Zhao 等[145]提出，在碱性条件下，用烷基亚磷酯萃取硫代硫酸金，回收率较高。在硫代硫酸钠浸金贵液中，用磷酸三丁酯（TBP）萃取硫代硫酸金的反应为：

$$iNa^+ + 2Au^+ + jS_2O_3^{2-} + OH^- + 2NH_3 + mTBP \rightleftharpoons Na_iAu_2(S_2O_3)_j(OH)(NH_3)_2 \cdot mTBP$$
$$(5-54)$$

式中，$i(i=3\sim5)$ 随着 $j(j=2\sim3)$ 的变化而变化，m 随着 i 和 j 的变化分别在 1.5~2.5 和 6~9 的范围内变化。氨中的氢原子能与 TBP 形成氢键，有利于提高金的回收率。

Liu 等人采用三辛基甲基氯化铵（TOMAC）萃取硫代硫酸盐溶液中的金，保持合适的铜、氨浓度，同样获得了理想的萃取率[146]。

溶剂萃取法选择性好、回收率高、产品纯度高，但该法只能用于澄清的溶液，少量悬浮物就会对萃取工艺产生显著影响，为了从矿浆获得澄清的溶液，需增加额外的设备，花费更多的处理时间，这都使生产成本增加。苛刻的工艺条件、复杂的工艺流程限制了该工艺的发展，有机相和萃取剂的损失和化学降解也影响其工业应用[71,147~151]。

5.7.4 活性炭吸附

过去的几十年中，用活性炭回收 $Au(CN)_2^-$ 是金湿法冶金的主要方法。该技术因其高效率、低成本、产物纯净等优点取代了沉淀和电沉积技术。多孔的碳颗粒与氰化浸金贵液接触，吸附金后被回收。吸附可以在矿浆中进行（CIL 法），亦可在澄清液中进行，前者因减少了资金的投入更为常用。矿浆的净化不仅耗时、耗资而且金回收率较 CIL 法低。载金炭通常在加压加热的条件下用氰化溶液洗提，活性炭经酸洗和 650℃高温加热数小时后可重复利用。

对于硫代硫酸盐络离子在活性炭上的吸附还有争论。多米尼亚共和国某矿物经氨性硫代硫酸盐法浸出得到的含金贵液（Au 15.8mg/L，2.0mol/L $Na_2S_2O_3$ + 4.0mol/L NH_3，pH=10.5），在 25℃下与活性炭接触 6h，金回收率可达 95%[49]。相反，0.1mol/L 硫代硫酸金在 KOH（10^{-4}mol/L，pH=9.7）溶液中，仅有少数或没有金吸附于活性炭。研究中发现多种类型活性炭对氨性硫代硫酸盐浸出液中硫代硫酸金络离子的吸附量都很低。$Au(S_2O_3)_2^{3-}$ 较 $Au(CN)_2^-$ 在活性炭上的附着力相差很大，目前还不能确定这种影响是由于硫代硫酸盐络合离子的体积太大，还是由于其电荷数较高或是其他原因引起的。Navarro 等[152]研究了活性炭吸附硫代硫酸盐浸金贵液中的金，发现 $Au(NH_3)_2^+$ 的存在有利于活性炭对金的吸附，这可能是因为 $Au(NH_3)_2^+$ 的体积比 $Au(S_2O_3)_2^{3-}$ 小，将 $Au(S_2O_3)_2^{3-}$ 转化为 $Au(NH_3)_2^+$ 或许是从硫代硫酸贵液中回收金的一种途径。目前，为了使活性炭能够更加有效地回收硫代硫酸盐浸金液中的 $Au(S_2O_3)_2^{3-}$，可在贵液中加入稍过量的氰化物或在活性炭上吸附 $Cu(CN)_3^{2-}$，将其转化为更加稳定的金氰络合物 $Au(CN)_2^-$，从而吸附在活性炭上。然而，在溶液中引入氰化物，产物和贫液都含有氰根离子，使硫代硫酸盐法在环保方面的优势丧失[153,154]。

目前还未见关于活性炭吸附硫代硫酸银和从活性炭上洗提银的相关研究报道。

5.7.5 树脂吸附

银被广泛地应用于胶片定影技术中，该方法会产生大量的含银硫代硫酸盐废液[155~158]。该废液通常含有 $50×10^{-6}$ Ag(I)、0.01mol/L $S_2O_3^{2-}$ 和添加剂 Fe(II)-EDTA。废液中的银需被回收，以符合废水排放要求和减少循环利用的成本。用离子交换树脂从硫代硫酸盐溶液中回收银的尝试已有很多，如俄罗斯的强碱性树脂 AV-17 能从硫代硫酸盐溶液（3.4mol/L $Na_2S_2O_3$，4.5mmol/L Ag(I)，pH=5~5.5）中吸附 66% 的银，吸附的银用 3.4mol/L 的 $Na_2S_2O_3$ 溶液可以完全洗提下来。采用强碱性树脂从水溶液中回收银的硫代硫酸盐络合物（Ag 25mg/L）时不受溶液 pH 值的限制，但在被吸附的过程中，$Ag(S_2O_3)_2^{3-}$ 会失去一个 $S_2O_3^{2-}$ 生成 $Ag(S_2O_3)^-$，树脂上的活性烷基胺基团可将其催化降解，在树脂内分解为不可溶的 Ag_2S，虽然 Ag_2S 可以用强酸洗提液回收，但该方法并不经济。

Marcus 已经证实，银主要以 $Ag(S_2O_3)^-$ 的形式吸附在树脂上，而定影废液中的主要银络合物是 $Ag(S_2O_3)_2^{3-}$。用弱碱性树脂 IRA-68 从 pH 值为 4 的溶液中回收银，回收率高达 98%，较低的 pH 值是为了防止 Fe-EDTA 的吸附。溶液中硫代硫酸根浓度较低时，树脂可以吸附更多的银，可见游离的硫代硫酸根会与银形成竞争。含有亚硫酸盐的氨性硫代硫酸盐溶液可有效洗提银，使树脂再生。

离子交换树脂 AM-2B 通常用于从氰化液中回收 $Au(CN)_2^-$，也可用于从硫代硫酸盐溶液中吸附银。硫代硫酸钠、亚硫酸钠、氯化钠或硝酸铵的混合溶液可洗提银，回收率在 85%~95%。

Rohm&Haas 生产的弱碱性离子交换树脂 IRA-67（与 IRA-68 一样）和强碱性离子交换树脂 IRA-458 也可以在不同 pH 值下，从硫代硫酸盐稀溶液（5~

10mmol/L）中回收银（50×10^{-6}）。弱碱性树脂只有在 pH = 2 ~ 6 范围内有效，而强碱性树脂在任何 pH 值下回收率均高于 90%。有机聚合物壳聚糖可吸附各种溶液，包括硫代硫酸盐溶液中的银，但是只有在酸性条件下才能获得较高的吸附量，与树脂相比缺乏竞争力。

在硫代硫酸盐浸金溶液回收的研究中，Thomas 等人发现溶液中多硫酸根在树脂上的吸附性较硫代硫酸盐络金离子更强，这会减弱树脂对金的吸附性能[159]。Zhang 认为浸出液中的铜离子与硫代硫酸金络离子在树脂上的吸附也存在竞争[160]。采用离子交换树脂从硫代硫酸盐浸出液中回收银可能存在同样的问题。

赖才书[161]研究了 D2976 阴离子树脂吸附金的过程，认为氨的浓度较高时树脂的吸附量较大，这可能是由于增大氨离子的浓度有利于铜氨络离子的稳定，减少连多硫酸盐等副产物的产生。而铜氨络离子浓度较高时，会增加溶液中硫代硫酸盐的消耗，产生大量连四硫酸盐、连三硫酸盐和硫化物沉淀，连多硫酸盐与金、铜竞争吸附，使得金、铜在树脂上的负载率下降近 90%，硫化物沉淀导致离子交换树脂中毒，这也阻止了树脂对金的吸附。

离子交换树脂的吸附能力强，对金银的回收率较高，但选择性不好，在吸附金银的同时，其他金属离子、硫代硫酸根离子及其降解产物连三硫酸根和连四硫酸根也会吸附其上，使树脂的有效吸附率降低。增加树脂的用量可在一定程度上提高金银的回收率，但这无疑提高了生产成本，使其在经济上缺乏竞争力。

5.8　本章小结

氨性硫代硫酸盐浸出金银溶液是一个十分复杂的体系，虽然溶液中加入的化学试剂种类只需 3 ~ 4 种，但体系中离子、络离子的种类有一二十种之多。一方面是由于铜离子和硫代硫酸盐、氨之间会形成多种络离子，在浸金过程和氧气的作用下，各种络离子之间相互转化；另一方面，硫代硫酸盐根具有还原性，在溶解氧和铜氨络离子的作用下会氧化为连四硫酸根、亚硫酸根、硫酸根等多种硫氧根离子。浸出过程中不仅有金属的溶解，同时还存在离子之间、络离子之间的转化，这些都有可能对浸出主反应、反应物和产物稳定性产生影响。由于氨性硫代硫酸盐体系自身的复杂性，该方法对工艺参数的控制要求相对严苛，例如溶液的pH 值、铜离子的浓度、铜离子与硫代硫酸盐、游离氨间的比例等都需在一定的范围。

氨性硫代硫酸盐法在工业上尚未广泛推广的原因之一是试剂消耗量大，铜离子、铜氨络离子的氧化是造成硫代硫酸盐大量降解的重要因素，而氧气和 pH 值会影响铜离子或铜氨络离子的浓度，间接影响硫代硫酸盐的消耗。目前，调节和控制硫代硫酸盐浸出体系中溶液成分、向浸出体系中加入添加剂和对矿石进行预处理都是较为可行的控制硫代硫酸盐消耗的方案。其中，对添加剂的研究最多，羧甲基纤维素、乙二胺四乙酸二钠、亚硫酸盐、氯化钠、氨基酸等都能一定程度地减少硫代硫酸盐的消耗。

影响硫代硫酸盐法应用的另一主要原因是从浸出贵液中回收金银相对困难。从硫代硫酸盐浸出贵液中回收金银的方法主要有置换、电沉积、溶剂萃取、活性炭吸附和树脂吸附等。金的硫代硫酸盐络离子体积较大、所带负电荷较高，活性炭吸附难以取得理想的效果；溶剂萃取和树脂吸附在一些研究中取得一定效果，尚处于实验室研究阶段；金属置换是最有可能应用于工业生产的方法，锌、铝、铜等金属都可以作为置换剂，需要注意的是，锌、铝置换贵金属时浸液中的铜也会被置换，置换剂大量消耗，浸出液的再生也变得困难。目前，置换反应过程还有许多问题未解释清楚，仍需做进一步的研究。

无氨硫代硫酸盐法浸出硫化银矿

6　从硫化银矿中提取银的研究现状

　　银是人类最早发现和开采利用的金属元素之一，约在 5000～6000 年以前的远古时代，人类就已经认识自然银。在所有金属中，银的导电性、导热性最高，延展性和可塑性也好，易于抛光和造型，还能与许多金属组成合金或假合金。银还具有较强的抗腐蚀、耐有机酸和碱的性能，在通常的温度和湿度下不易被氧化。长期以来，大量纯度较高的银用于制造银币和装饰品。随着科学技术的发展，银已由传统的货币和首饰工艺品方面的消费，逐渐转移到工业技术的应用与发展领域。目前，银在电子、计算机、通讯、军工、航空航天、影视、照相等行业得到了广泛的应用，已成为工业和国防建设不可缺少的重要原材料[1,162]。

6.1　国内外银矿资源及其特点

　　地壳中银含量较为稀少，其丰度为 0.07×10^{-6}。据美国地质调查局估计，2004 年世界银储量和储量基础分别为 270000t 和 570000t，储量与储量基础与上年持平。储量主要分布在波兰、中国、美国、墨西哥、秘鲁、澳大利亚、加拿大和智利等国，它们约占世界总储量和储量基础的 80% 以上（见表 6-1 和图 6-1）[163,164]。

表 6-1　2016 年世界银矿储量统计

国家或地区	储量/t	占世界比例/%
波兰	85000	14.9
中国	43000	7.5
墨西哥	37000	6.5
秘鲁	120000	21.1
澳大利亚	85000	14.9

续表 6-1

国家或地区	储量/t	占世界比例/%
智利	77000	13.5
其他	123000	21.6
世界总计	570000	100.0

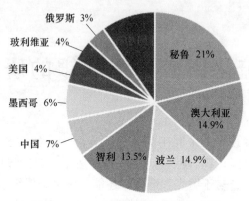

图 6-1　2016 年世界银矿储量分布图

2016 年，全球银储量 57 万吨，其中秘鲁银储量 12 万吨，是世界银储量最多的国家，排名在秘鲁之后的是澳大利亚、波兰、智利、中国和墨西哥。其实，未被列入统计表中的俄罗斯、美国、哈萨克斯坦、乌兹别克斯坦和塔吉克斯坦等国也有不少银资源。全球约 2/3 的银资源是与铜、铅、锌、金等有色金属和贵金属矿床伴生的，1/3 是以银为主的独立银矿床[165~167]。

锌矿床是最重要的产银来源。美国矿务局曾对主要产银国的矿山（矿床）进行分析，发现约有 45% 的银储量来自于锌矿床，其中澳大利亚约有 94% 的银储量产于锌矿床中，加拿大为 64%，墨西哥和秘鲁各为 35%，美国为 22%。此外，葡萄牙、印度、日本、希腊等国所生产的银也大部分来自锌矿山。这类矿床的银品位为 1.1~330g/t。墨西哥、澳大利亚、秘鲁、加拿大产银锌矿山所回收的银的加权平均品位分别为 108g/t、103g/t、75g/t，美国产银锌矿床银的平均品位为 29g/t，这些矿床绝大多数还没有开发利用。

独立的银矿床是银的第二大来源。国外约有 1/3 的银储量来自于独立的银矿床，其中墨西哥约有 45% 的银产于独立的银矿床，美国为 38%，秘鲁为 34%，加拿大为 7%。此外，西班牙、摩洛哥、法国、南非等国（或地区）所生产的银也有很大一部分来自独立的银矿床。

含银铜矿床是银的第三大来源。该类矿床中可回收的银储量占美国可回收银总量的 33%、占秘鲁的 31%、占加拿大的 28%，而智利、阿根廷、巴拿马、巴布亚新几内亚、菲律宾、南斯拉夫、波兰等国所回收的银几乎都来自铜矿床。这类矿床银品位普遍较低，国外 28 个大型产银铜矿山中，只有加拿大的基德克里克银品位超过 50g/t。

含银铅矿床中可回收银的数量不大，且品位较低。该类矿床主要分布在南非、美国，其次是墨西哥、澳大利亚和摩洛哥。

含银金矿床中银储量所占的比重不大。这类矿床主要分布在南非、智利，美国和苏联等国（或地区）。

6.2 银矿物原料特点

银属铜型离子，亲硫，极化能力强，在自然界中常以自然银、硫化物、硫酸盐等形式存在，因其离子半径较大，又能与离子半径巨大的 Se 和 Te 阴离子形成硒化物和碲化物。

在内生作用中，银在热液阶段才趋于高度集中，富集成银（金）或各种含银的多金属硫化物矿床；在表生条件下，银的硫化物可形成具有一定溶解性的 Ag_2SO_4，在氧化带下部形成次生富集体；在沉积作用中，银常与铜、金、铀、铅、锌或钒、磷等一起迁移，沉淀于砂岩、黏土页岩和碳酸盐类岩石中，当其达到一定程度的富集，可形成沉积型或层控型银矿床；在变质作用过程中，原岩中呈细分散状态的银，经变质热液的萃取与活化迁移，在适当的地质条件下可富集形成具有经济价值的新矿床，或者使原矿体叠加富化。

目前已知，银以主要元素、次要元素和不定量形式存在的银矿物和含银矿物有 200 多种，其中以银为主要元素的银矿物和含银矿物有 60 余种，但具有重要经济价值，作为白银生产主要原料的有 12 种：自然银（Ag）、银金矿（AgAu）、辉银矿（Ag_2S）、硫锑银矿（Ag_3SbS_3）、硫砷银矿（Ag_3AsS_3）、角银矿（AgCe）、脆银矿（Ag_3SbS）、锑银矿（Ag_3Sb）、硒银矿（Ag_3Se）、碲银矿（Ag_2Te）、锑方辉银矿（$5Ag_2Sb_2S_3$）、硫锑铜银矿（$8(AgCu)SSb_2S_3$）[168]。

6.3 从硫化银矿中提取银的研究现状

氰化法浸出金银是目前国内外处理金银矿物原料的常用方法。自 1887 年开始用氰化物溶液从矿石中浸出金银至今已有 100 多年的历史。对于单质银，该方法具有工艺简单，成本低廉等优点。但对于硫化银矿（硫锑银矿、硫砷银矿、黝铜矿等），采用传统氰化法浸出时，其浸出率只有 5%～10%[161,168]，银难以被有效地回收。

6.3.1 氰化法浸出硫化银矿存在的问题

虽然自然银也存在于自然界中，但硫化银（Ag_2S）则是更常见的矿物之一。根据某些早期的研究，硫化矿不会明显地影响银的氰化反应。但是实际上，已发现硫化矿抑制着银的浸出反应[169~180]，原因主要有以下三个方面。

（1）$Ag_2S_{(固)}$ 的溶解度不高，（$pK_{sp}(Ag_2S) = 49.0$），氰化物溶液中，$Ag_2S_{(固)}$ 的溶解是很困难的[171]。

硫化银在氰化溶液中的溶解遵循以下反应：

$$Ag_2S \Longrightarrow 2Ag^+ + S^{2-} \tag{6-1}$$

$$Ag^+ + nCN^- \Longrightarrow Ag(CN)_n^{(n-1)-}, \ n = 1, 2, 3, 4 \tag{6-2}$$

总反应为：

$$Ag_2S_{(固)} + 2nCN^- \Longrightarrow 2Ag(CN)_n^{(n-1)-} + S^{2-}, \ n = 1, 2, 3, 4 \tag{6-3}$$

（2）$Ag(CN)_n^{(n-1)-}$ 在矿浆中是不稳定的。

生成的银氰络合物在酸性溶液中可以生成 Ag 的固态氰化物：

$$Ag(CN)_2^- + H^+ \Longrightarrow AgCN_{(固)} + HCN \tag{6-4}$$

可溶性银氰络合物的稳定区域小于金氰络合物。随着 pH 值或氰根浓度的降低，AgCN(s) 的沉淀变得非常显著。pH>12，AgCN(s) 会以 $AgOHCN^-$ 的形式溶解，为了使 0.1mmol/L Ag 溶于 pH = 11 的溶液需要 CN^- 的浓度大于 0.35mmol/L，而 $Ag(CN)_3^{2-}$ 只有在氰化物浓度相当高时才能成为优势组分，0.1mmol/L Ag 需 CN^- 的浓度大于 100mmol/L。试验发现，碱性氰化钠（6g/L NaCN，122mmol/L CN^-）溶液中，反应 2h，银的溶解率达到最大，但也不到 30%，浓度为 0.03mmol/L，而后溶解率下降。

随着浸出过程中游离 CN^- 被消耗，沉淀作用也可能是由于不同金属组分之间的竞争氰化而产生的。在碱性溶液中，当 $[CN^-]$ 太低时就有可能产生 $Ag_2O_{(固)}$、$CuO_{(固)}$，相对于金在氰化物中的溶解，银矿物浸出速度较慢且需要较高的氰化物浓度。

（3）硫化银矿溶解产生的硫离子须被氧化，但是，浸出液中的溶解氧浓度低、反应能力差，未氧化的硫离子会导致银的沉淀。

由于硫化银矿的氰化浸出过程是在氧化气氛下进行的，所以反应中产生的 S^{2-} 会按下列顺序被氧化：

$$S^{2-} \rightarrow S_2^{2-} \rightarrow S^0 \rightarrow SCN^- \rightarrow S_2O_3^{2-} \rightarrow SO_3^{2-} \rightarrow SO_4^{2-}$$

如果硫的氧化只到 SCN^- 这一步，则有如下反应：

$$2Ag_2S + 10CN^- + 2H_2O + O_2 \Longrightarrow 4Ag(CN)_2^- + 2SCN^- + 4OH^- \tag{6-5}$$

如果浸出液中溶解氧的浓度较高，SCN^- 可能进一步氧化为 $S_2O_3^{2-}$。Luna 和 Lapidus[172] 认为在充入纯氧的 0.01mol/L NaCN 溶液中浸出 Ag_2S，硫主要以 $S_2O_3^{2-}$ 形式存在。反应为：

$$Ag_2S + 4CN^- + 0.5H_2O + O_2 \Longrightarrow 2Ag(CN)_2^- + 0.5S_2O_3^{2-} + OH^- \tag{6-6}$$

由上式可知，Ag_2S 在氰化液中的溶解受限于其溶解度和硫的氧化程度。遗憾的是硫化银的溶解度低，溶液中的氧反应能力差，导致实践中银的回收率不高。

在含有硫化矿的矿浆中，$Ag(CN)_2^-$ 也难以稳定存在。S^{2-} 的氧化可促使硫化矿的溶解，使银暴露于氰化物浸出液中。然而，矿石中金属硫化物的含量较高，会增加氰化物和氧的消耗，从而影响银的氰化浸出过程。在较短的浸出时间中，未被氧化的硫化物有助于引起可溶性银氰络合物按下式反应产生沉淀：

$$2Ag(CN)_n^{(n-1)-} + S^{2-} \Longrightarrow Ag_2S_{(固)} + 2nCN^- \tag{6-7}$$

当硫化物的氧化受到抑制时，即使在有很高浓度的 CN^- 存在时，$Ag_2S_{(固)}$ 也会替代 Ag、Ag_2O 和 AgCN 成为银的一种重要固态化合物。所以，由硫化矿溶解而产生的大量硫化物配合基的氧化动力学控制着 Ag_2S 的溶解和沉淀。对于 0.1mmol/L Ag 来说，只要 CN^- 浓度低于 10mmol/L 时，甚至有 0.001mmol/L 未氧化 S^{2-} 都可使 $Ag_2S_{(固)}$ 沉淀。金组分的优势图是不受硫化物溶解率的影响的[173]，而银组分的优势图会因 $Ag_2S_{(固)}$ 沉淀的产生有很大变化。在一种有 122mmol/L CN^-、0.1mmol/L Ag 和 0.05mmol/L S^{2-} 的溶液中，pH = 11 的条件下，银氰化反应的优势受硫化矿溶解率的制约。溶液中产生 10mmol/L Cu 以及 20mmol/L S^{2-} 时 $Ag_2S_{(固)}$ 开始沉淀。随着硫化矿溶解率的提高，将会有 80% 的 Ag 以 $Ag_2S_{(固)}$ 形式沉淀。当硫化矿用氰化物溶液浸出时，在各种金属阳离子与氰化物之间的反应会发生相互竞争。在硫化矿氧化不完全时，由于产生了 $Ag_2S_{(固)}$ 沉淀，几种银氰络合物成为最不稳定的络合物，这可能是银的浸出率总是很低的主要原因之一。可溶性硫化物能导致产生 $Ag_2S_{(固)}$ 沉淀，因而降低了银在氰化浸出过程中的浸出率。所以，为了提高 Ag 的回收率，关键是使硫化矿尽可能被完全氧化。

6.3.2 硫化银矿其他浸出方法

银的现代湿法冶金是基于氰化法的应用，但由于 Ag_2S 的低溶解度和 $Ag(CN)_2^-$ 的低稳定性，使得氰化法并不能有效地浸出 Ag_2S，且氰化物为剧毒化学物质，会对环境产生巨大的影响。为了解决这一问题，国内外科研工作者对硫化银矿的浸出进行了研究。

6.3.2.1 Ag_2S 在硫脲体系中浸出

吴争平、胡天觉等人[181-185]研究了辉银矿在硫脲体系中的浸出，在氧化剂 Fe^{3+} 和酸的存在下，硫化银的溶解分为两步：首先，硫化银在 Fe^{3+} 的作用下，生成 Ag^+ 和单质 S，Fe^{3+} 同时被还原为 Fe^{2+}；第二步，Ag^+ 与硫脲分子结合生成络离子 $Ag(TU)_3^+$，Fe^{2+} 在酸性条件下被氧气氧化为 Fe^{3+}。硫化银的溶解可看作原电池过程，正极发生 Fe^{3+} 还原成 Fe^{2+} 的反应，负极发生硫化银的氧化反应。pH 值对硫脲浸出有较大的影响，控制溶液的 pH 值，第一，可以防止氧化剂三价铁离子水解；第二，防止硫脲的分解；第三，减少杂质溶解。因此，硫脲浸出体系常保持 pH 在 1.5~2.0 范围。在液固比 10 : 1，硫脲质量浓度 6g/L，$c[Fe^{3+}]=$ 0.0125mol/L，pH=1.5~2.0，温度 40~60℃ 的条件下浸出 2h，银的浸出率可达到 90%。Baláž[184] 采用硫脲法浸出机械活化的硫化银矿，反应 10min，银的浸出率可达 90%。而方兆珩[185] 研究高铜硫化精矿中硫脲浸取 Au 和 Ag 的动力学，银的总浸出率小于 60%。可见，硫化矿在硫脲体系中的浸出率并不稳定。

6.3.2.2　Ag₂S 在氯化物体系中的浸出

A　NaCl 体系中 Ag₂S 的浸出

Ag₂S 在 3mol/L NaCl-HCl 的溶液中可发生如下的反应：

$$Ag_2S + 2HCl === 2AgCl + H_2S \qquad (6-8)$$

当溶液中存在过量氯离子时，AgCl 被进一步络合并溶解：

$$AgCl + 3Cl^- === AgCl_4^{3-} \qquad (6-9)$$

谢颂明[186] 等用 NaCl 溶液处理锌热酸浸出渣，回收铅银，处理规模批量为百公斤级，浸出率铅为 94.61%、银为 73.88%，沉铅、银母液可返回使用。陆跃华曾用近饱和 NaCl 溶液浸出锌渣中的铅和银，银的浸出率可达 95% 以上，浸出液经置换 Ag 及沉 Pb 后，简单的再生就可返回使用，大大降低了浸出成本。

与其他方法相比，此反应不形成元素硫，线性动力学特性占优势。但是反应中产生的 H₂S 气体会对环境带来严重影响。

B　NaClO-NaCl 介质中 Ag₂S 的浸出

美国矿业局[187] 曾在次氯酸盐-盐水介质中浸出过一种采自内华达坎德拉里亚矿区的复杂银矿石。矿石中含有硫化银、含银黄钾铁矾和含银氧化锰。次氯酸盐离子很容易使 Ag₂S 转变为 AgCl，进而溶于浓盐水中，见式（6-10）。

$$Ag_2S + 4ClO^- === 2AgCl + SO_4^{2-} + 2Cl^- \qquad (6-10)$$

次氯酸盐可以有效地浸出 Ag₂S，但次氯酸根的氧化性较强，在浸出银的同时也会溶解其他矿物，这为后续从贵液中回收银带来了困难。

C　NH₄Cl 体系中 Ag₂S 的浸出

陆跃华[188,189] 绘制了 Ag₂S-NH₃-H₂O 体系的电位-pH 图，认为 Ag₂S-NH₃-H₂O 体系中由于氨的引入，形成了 $Ag(NH_3)_n^+$ 络离子，其电位在碱性范围内相对降低，同时 Ag₂O₃(固) 和 Ag₂O(固) 相稳定区大为缩小，使得 Ag₂S 的氧化浸出在热力学上变得更容易。

从热力学角度来说，不考虑中间步骤，NH₄Cl 溶液体系中，用纯 O₂ 氧化浸出 Ag₂S 可按下式进行：

$$Ag_2S + 2O_2 === 2Ag^+ + SO_4^{2-} \qquad (6-11)$$

$$Ag^+ + nNH_3 === Ag(NH_3)_n^+ \qquad (6-12)$$

实际上，上述反应的进行是十分缓慢的，当加入少量的 Cu^{2+} 作催化剂，反应的进程大大加快。浸出反应可能是按下列步骤进行：

$$4Ag_2S + 14Cu^{2+} + 4H_2O \Longrightarrow 14Cu^+ + 8Ag^+ + 3S + SO_4^{2-} + 8H^+ \quad (6-13)$$

$$2Cu^+ + 0.5O_2 + 2NH_4^+ \Longrightarrow 2Cu^{2+} + H_2O + 2NH_3 \quad (6-14)$$

研究结果表明：温度对该反应没有明显影响，NH_4Cl 浓度的增加可明显提高 Ag_2S 的浸出率，这是由于浸出液中 NH_4Cl 浓度的增加既提高了 Cl^- 的浓度也提高了 NH_3 的浓度，有利于银氨络合物的生成。加入 OH^- 离子可以提高溶液中 NH_3 的浓度，有利于 Ag_2S 的浸出，$NaOH$ 的浓度需超过 $3\sim5g/L$，才能保证反应顺利进行。

西班牙的 Limpio 等[190,191]采用了 NH_4Cl 溶液浸出含银约 200g/t 的复合硫化矿，矿中还含有 Zn 33.5%、Cu 3.4%、Pb 7.8%、S 34.6%等。半工业试验中各元素浸出率为：Cu 97%、Pb 97%、Ag 97.5%，而且从浸出液中回收效果很好。

此浸出法有 3 个优点：第一，像其他的氯盐一样，能提供足够浓度的氯离子；第二，铵离子能产生浸出硫化物所需的 H^+ 及 NH_3，NH_3 进一步与 Cu^{2+}、Zn^{2+}、Ag^+ 等金属形成稳定的络合物，大大增加浸出液对上述金属的溶解能力；第三，用氯化铵溶液浸出硫化物还有一显著的特点，即溶液的 pH 值基本上为常数并维持在 pH=6~7 的中性范围内。在处理复杂硫化矿时，一些杂质元素，例如 Fe，可以避免进入浸出液而留在渣中，Sb，As，Bi 等只有极少量进入溶液，基本上留在渣中，得到的含 Cu、Zn、Ag 等浸出液易于处理回收。

D　$FeCl_3$ 介质中 Ag_2S 的浸出

Ag_2S 可在 $FeCl_3$-HCl-NaCl 溶液中溶解[192,193]，反应后在 Ag_2S 表面上均匀地覆盖着一层生成物。对此表面层做 X 射线衍射分析，显示有元素硫和少许 AgCl，浸出反应是：

$$Ag_2S + 2FeCl_3 \Longrightarrow 2AgCl + 2FeCl_2 + S^0 \quad (6-15)$$

HCl 加入到 $FeCl_3$ 浸出介质中是为了防止铁的水解沉淀和增加某些金属离子的溶解度。在 $0\sim2.0mol/L$ 的 HCl 浓度范围内，反应速率随着 HCl 浓度的增加而相应地增加，直到 HCl 浓度为 $1.0mol/L$，这种增加都是线性的；在更高的 HCl 浓度下，速率便加速逆增。当 HCl 浓度超过 $2.0mol/L$，溶液冷却到室温时，NaCl 和 AgCl 就在取样管路里结晶出来。这个特性限制了试验研究中 HCl 浓度的范围。

不含 $FeCl_3$ 的 HCl 体系，当 HCl 浓度 $>1.5mol/L$ 时更为有效，而且，单一的 HCl 体系总是有效地使银从 Ag_2S 中溶解出来。

Ag_2S 的溶解反应包括（至少是部分地包括）了酸对硫化物的直接侵蚀，所

产生的 H_2S 溶解在与 Ag_2S 表面相近的溶液中，随后被三价铁离子氧化。

$$H_2S \rightleftharpoons HS^- + H^+ \qquad (6-16)$$

$$HS^- + 2Fe^{3+} \rightleftharpoons 2Fe^{2+} + S^0 + H^+ \qquad (6-17)$$

NaCl 的存在（通过氯离子）有效地提高了浸出速率。AgCl 的溶解度对 Ag_2S 的溶解速率有明显影响，NaCl 之类氯化物的作用主要是提高了 AgCl 的溶解度。浸出速率以线性形式随着浸出液中 AgCl 浓度的增加而降低，在饱和的 AgCl 溶液中浸出速率近于零。

通过一系列的试验知道，浸出反应的速率控制步骤是反应产物 AgCl 通过在 Ag_2S 表面上形成的厚度均匀的元素硫孔隙中夹存的溶液向外扩散。三价铁离子氧化剂由浸出液向 Ag_2S 的表面进行扩散，这种扩散不对速率起限制作用。$FeCl_3$ 与 Ag_2S 很快反应，在硫化物表面形成一层饱和的 AgCl 溶液。如果由饱和溶液结晶出来的 AgCl 钝化 Ag_2S 的表面，则速率将被 AgCl 的扩散所控制。这种扩散是通过夹存在硫层孔隙中的溶液向浸出液中的扩散，任何能使 AgCl 溶解度改变的溶液成分的变化都将影响浸出速率。$FeCl_3$、HCl 或 NaCl 等氯化物的加入都会加速浸出速率。在 0.3mol/L $FeCl_3$-0.3mol/L HCl-3mol/L NaCl 溶液中，由阿累尼乌斯曲线计算的表观活化能为 40.7kJ/mol。随着温度的升高，Ag_2S 的浸出率和浸出速率都有所提高。

Benari 和 Hefter[193] 研究了在含有和不含有二甲基砜（DMSO）的 $FeCl_3$ 溶液中 Ag_2S 沉淀物的浸出。在 25℃ 温度下，1mol/L $FeCl_3$ 溶液中对 Ag_2S 浸出 90min，约有 80% 的银溶解。由于 Ag_2S 表面上硫和 AgCl 层的形成，使反应基本上停止。当反应在 $FeCl_3$-DMSO 介质中进行时，银的溶解近于 100%，因为 DMSO 使 AgCl 表面层发生溶解。

6.3.2.3 铁氰化物溶液中 Ag_2S 的浸出

在传统氰化法处理金、银矿石过程中，尤其是在堆浸中，银的回收率较金低很多，这主要是由于金银矿物学性质的差异，如矿石中存在低溶解度的 Ag_2S 就会导致较低的银浸出率。氧化剂对浸出有着极为重要的作用，没有氧气的情况下，硫化银矿在 0.5g/L（0.1g Ag_2S/0.5g NaCN）NaCN 溶液中（通入 N_2）的浸出是非常缓慢的，48h 后浸出率不到 1%。为了提高金银的溶解速率，一些氧化剂被加入到金银的氰化过程中，然而，这些助剂都没有成功地应用于实践，这可能是由于其成本过高，并会与氰化物发生反应。对于某些矿物，特别是部分硫化矿物，添加可溶性铅盐，可有效促进氰化过程。一些学者研究了铁矿对氰化浸金的影响，发现铁氰络合物的氧化能力可提高金的浸出速率。实验已经证实[194,195]，氰化物溶解硫化银的过程中，铁氰化物是一种有效的氧化剂。$Fe(CN)_6^{3-}$/ $Fe(CN)_6^{4-}$ 的标准还原电位（0.36V，SHE）虽比 O_2/OH^- 的（0.40V，SHE）略低，但由于其在氰化溶液中溶解度较高而具有较强的氧化能力，且其在较宽的 pH 值范围内都可稳定存在，碱性条件下，$Fe(CN)_6^{4-}$ 和 $Fe(CN)_6^{3-}$ 非常稳定。铁氰化钾可直接与硫化银发生反应，生成硫氰酸根，反应为：

$$Ag_2S + 5CN^- + 2Fe(CN)_6^{3-} \Longrightarrow 2Fe(CN)_6^{4-} + SCN^- + 2Ag(CN)_2^- \quad (6-18)$$

实际试验结果与理论化学计量不符，反应中可能生成硫的化合物，如硫代硫酸根：

$$2Ag_2S + 8CN^- + 8Fe(CN)_6^{3-} + 6OH^- \Longrightarrow 4Ag(CN)_2^- + S_2O_3^{2-} + 8Fe(CN)_6^{4-} + 3H_2O$$
$$(6-19)$$

溶液中 $S_2O_3^{2-}$ 的浓度很低，未能被检测出来，因此生成硫氰酸根的反应可能是无氧状态下主要的反应。

根据浸出液中游离氰的浓度不同，还有可能形成 $Ag(CN)_3^{2-}$ 或 $Ag(CN)_4^{3-}$。若氰化物浓度较低或金属离子浓度很高时，会形成 $Ag_3Fe(CN)_6$ 和 $Ag_4Fe(CN)_6$ 沉淀。

$$Ag_3Fe(CN)_6 \Longrightarrow 3Ag^+ + Fe(CN)_6^{3-} \quad lgK_{sp} = -28 \quad (6-20)$$
$$Ag_4Fe(CN)_6 \Longrightarrow 4Ag^+ + Fe(CN)_6^{4-} \quad lgK_{sp} = -38 \quad (6-21)$$

实验条件下，从硫化银纯物质中回收 1kg 银需 6kg 铁氰化钾。

铁氰化钾可以加快反应动力学，Ag_2S 在铁氰化物-氰化物浸出体系中的溶解速率由旋转圆盘试验测定为 $21\mu mol/(m^2s)$，较充气氰化溶液中（$13\mu mol/(m^2s)$）高得多，活化能为 $6.7kJ/mol$，浸出过程为扩散控制。对于某金银矿（含 Au 8.8g/t，Ag 33g/t），反应 12h，银的浸出率为 54%，而采用传统氰化法反应 30h，浸出率为 50%，硫的反应产物为硫氰酸根。

体系中铁氰络合物的消耗是最关键的因素，可通过化学或电化学方法使其再生。将臭氧或卡罗酸加入澄清的氰化溶液即可完成铁氰络合物的再生。

$$2Fe(CN)_6^{4-} + O_3 + 2H^+ \Longrightarrow 2Fe(CN)_6^{3-} + O_2 + H_2O \quad (6-22)$$
$$2Fe(CN)_6^{4-} + H_2SO_5 \Longrightarrow 2Fe(CN)_6^{3-} + SO_4^{2-} + H_2O \quad (6-23)$$

铁氰化物法具有反应时间短，金银浸出率比较高的优点，但是混合硫化矿的试验表明，非银硫化矿的存在会使银的浸出率有不同程度的降低。方铅矿、闪锌矿对浸出影响较小，黄铁矿的影响中等，黄铜矿和磁黄铁矿对其则有较大影响，且随着这两种矿物含量的增加，银的浸出率进一步减小。这是由于黄铜矿和磁黄铁矿会消耗铁氰化物：

$$FeS_2 + 2Fe(CN)_6^{3-} + 8CN^- \Longrightarrow 3Fe(CN)_6^{4-} + 2SCN^- \quad (6-24)$$
$$CuFeS_2 + 2Fe(CN)_6^{3-} + 10CN^- \Longrightarrow 3Fe(CN)_6^{4-} + Cu(CN)_2^- + 2SCN^-$$
$$(6-25)$$
$$Fe_7S_8 + 14Fe(CN)_6^{3-} + 50CN^- \Longrightarrow 21Fe(CN)_6^{4-} + 8SCN^- \quad (6-26)$$

因此，当硫化银矿物中含有高品位的磁黄铁矿和黄铜矿时，该方法的经济成本有待进一步评估。

6.3.2.4 硝酸溶液中 Ag_2S 的浸出

对于硝酸处理含有贵金属的复杂硫化矿已有较多的研究，但是硫化银是一种非常稳定的银化合物，其溶解度低，反应过程中硫酸银的产生导致银在常压下难以溶解于酸中[196,197]。Ag_2SO_4 会阻碍反应的继续进行，为了增加 Ag_2SO_4 的溶解度该反应需在较高的温度和压力下进行：

$$3Ag_2S + 8HNO_3 \xrightarrow{\hspace{1cm}} 3Ag_2SO_4 + 8NO + 4H_2O \hspace{2cm} (6-27)$$

在 150℃，1100kPa，固体颗粒浓度为 9.6% 的条件下，Ag_2S 在硝酸溶液中的反应速度快，回收率可达 96.1%。反应的产物据反应条件和反应程度的差异而有所不同，XRD 检测结果显示，产物包括 $Ag_6S_3O_4$（褐色）、Ag_2SO_4（亮黄色）和 S^0（亮黄色）。

6.3.2.5 $Fe_2(SO_4)_3$ 介质中 Ag_2S 的浸出

尽管 $AgSO_4$ 在 $Fe_2(SO_4)_3$-H_2SO_4 介质中的溶解度较高，Ag_2S 的溶解确很少[198]。Ag_2S 在 $Fe_2(SO_4)_3$-H_2SO_4 介质中的旋转圆盘试验显示，反应后磨光的圆盘表面仍保留着原有的像镜子一样的外表。用 SEM-EDX 进行研究，也没有发现 $AgSO_4$ 的表面层。Tourre 研究了在 14g/L 的 H_2SO_4 介质中，含黄铁矿的低品位（含银约 4%）螺状硫银矿矿石的加压浸出，目的在于了解究竟有多少银被溶解以及随后是否生成银黄钾铁矾。尽管银矿石颗粒很细，在低于 110℃ 时仍没有 Ag_2S 溶解的征兆，温度再升高，有较多的 Ag_2S 溶解并螯合成银黄钾铁矾，温度超过 160℃ 时，所有的 Ag_2S 都溶解了。Van Weert 证实了这些观测结果：在 60g/L 的 $Fe_2(SO_4)_3 \cdot 5H_2O$ 溶液中，在 160℃ 和 16×10^6Pa 的氧压下，细的 Ag_2S 颗粒全部溶解。在他们的实验中，溶解的银又以银黄钾铁矾和碘化银的形式重新沉淀（HI 也加入溶液中）。因而，只有在较高的温度与压力下，Ag_2S 可溶解于高铁硫酸介质中。

6.3.2.6 矿浆电解法

矿浆电解法在处理有色金属矿中显示出流程短、污染少、综合利用好等优点，受到普遍关注[199,200]。不少学者对矿浆电解中的各种条件做了详细的研究，北京矿冶研究总院在这一领域取得了突破性进展，在云南元阳金精矿、广东廉江银矿的研究和产业化中取得了一定成绩[201,202]。王维熙[203~205]等进行了矿浆电解法浸出多金属硫化矿中银的工艺条件探讨，并研究了矿浆电解法浸出广西某大型含银多金属硫化矿中银的浸出速率变化规律。

从国内外学者研究的结果可知，银黝铜矿中的银电解氧化溶出速率很慢，若要提高黝铜矿或银黝铜矿中银的浸出率，一般情况下电流密度要比较大，时间也比较长，B. J. Schromrt 的实验证实了这一点。他认为要使银黝铜矿分解、银被浸出，电解液中需要溶有足够的 Cl_2，且需要与含银黝铜矿反应足够的时间。如果银在黄铁矿中的分配率较高，要让银有效浸出，则必须使黄铁矿溶解，F. Arshan 和 P. F. Duby 比较系统地研究了黄铁矿电化氧化的可能性，温度在 313K，NaCl 浓度为 10% 的溶液中，阳极面积电流一般在 $400 \sim 1200A/m^2$，黄铁矿可有效被溶解。

对于云南元阳金矿，银在黄铜矿、黄铁矿中分配率为 8.7%，银在银黝铜矿、硫锑铜矿中的分配率达 35.8%，直流电流密度为 $100A/m^2$，黄铁矿基本不被溶解，银的浸出率不超过 80%，其余的银靠增加电解时间也难浸出，只能在电解渣中采用氰化法与金一起浸出。如果银在黄铁矿中的分配率不是很高，则不一定需要较大的电流密度，如广东廉江银矿的电解工艺，电流密度为 $100A/m^2$，银的浸出率 95%~97%。影响银浸出的包裹矿物还包括辉铜矿、铜蓝等，银矿物的存在形式及银在难分解的黄铁矿等中包裹所占分配率的大小决定了所采用的矿浆电解工艺条件。

国内学者从复杂多金属硫化矿中电解提取银，选择的电流密度分下面几种不同情况：

（1）精矿粉中的 Ag 以黝铜矿形式存在或部分被难溶解的黄铁矿等包裹时，采用低槽电压，低阳极电流密度，如 Pb-Zn-Cu-Au-Ag 矿，电流密度 $150A/m^2$ 左右，硫化矿中的银有一定程度被浸出，但由于黄铁矿在这个条件下基本不分解，银的浸出率不高。只能将矿浆电解过程作为预处理工艺，然后再用氰化法从浸出渣中溶出其余的银。

（2）精矿粉中银存在不是以较难浸出的黝铜矿为主、不被严密包裹在黄铁矿中，此时采用低槽电压、低电流密度（如 $100A/m^2$），充分磨细矿粉，可以获得很高的电流效率和较高的银浸出率。

6.3.3 氨性硫代硫酸盐法浸出银

6.3.3.1 $Cu-NH_3-S_2O_3^{2-}$ 体系中单质银的浸出

在 $Ag-NH_3-S_2O_3^{2-}$ 体系中，不同氨和硫代硫酸盐浓度下的 Eh-pH 图[206,207]示于图 6-2。从图 6-2 看，在氨性硫代硫酸盐体系，即使在较高的氨浓度下（1mol/L），银的 Eh-pH 图中也没有银氨络合物的稳定区；一定的电位下，在 pH 值为 0~14 的范围内，Ag_2S 都有其稳定区；反应条件下（pH>9），银主要以 $Ag(S_2O_3)_3^{5-}$ 络合物存在于溶液中，$Ag(S_2O_3)_2^{3-}$ 络合物只有在强酸性条件下存在，且随着溶液中硫代硫酸盐和氨浓度的降低，其稳定区域增大。

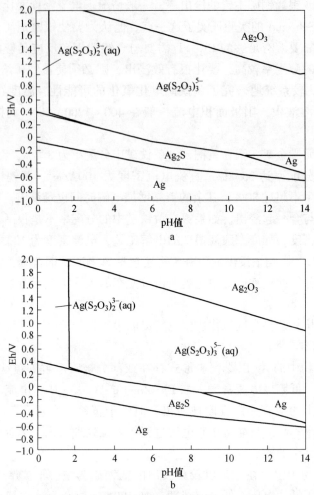

图 6-2　氨性硫代硫酸盐体系中银的 Eh-pH 图

a—5×10^{-4} mol/L Ag，1mol/L $S_2O_3^{2-}$，1mol/L NH_3/NH_4^+；

b—5×10^{-4} mol/L Ag，0.1mol/L $S_2O_3^{2-}$，0.1mol/L NH_3/NH_4^+

　　Jeffrey 等[90]使用旋转电化学石英晶体微平衡装置（REQCM）研究了金银在氨性硫代硫酸盐溶液中的浸出动力学，发现银的浸出速度很快，其速率由 Cu^{2+} 的连四硫酸盐的扩散控制。

　　龚乾、胡洁雪[208,209]经过实验认为，氨性硫代硫酸盐溶液浸出含铜硫化金精矿中的银与金一样，可以分为前期反应和后期反应。银浸出率的高低由浸出液中 $c[S_2O_3^{2-}]^2/c[S^{2-}]^{1/2}$ 比值决定，要提高银浸出率必须提高浸出液中的这一比值。银的沉淀和络合也影响银的溶解速度和浸出率。溶液中的铜浓度随时间变化而上下波动，银浓度则不会随铜浓度的波动而波动。二价铜离子在浸出银的过程中起氧化剂的作用，空气中的氧只是使 Cu^{2+} 再生。

美国亚利桑那州圣克鲁斯的 Oro Blanco 矿区的矿石含 Ag 113g/t，大部分与 MnO_2 共生[210]。用 1.48mol/L $(NH_4)_2S_2O_3$、4.1mol/L NH_3 和 0.09mol/L Cu^{2+} 溶液搅拌浸出 3h，Ag 回收率达 70%。温度对银浸出的影响较小，而铜浓度和氨浓度对银浸出的影响则大于对金浸出的影响。银的浸出对铜离子浓度变化比较敏感，银浸出率随 Cu^{2+} 浓度增大先升高而后下降。

吴阳红[62]对东北某含铜铅锌的银矿采用硫代硫酸盐法浸出，试验发现浸出液进行第三次循环后，体系的硫代硫酸盐消耗降低，开始进入平衡状态。当加入石灰脱硫酸根后，硫代硫酸盐消耗量上升，渣率提高。另外，随着循环次数的增加，银浸出率下降，进行脱硫酸根后，银浸出率恢复正常。可以认为 $c[SO_4^{2-}] \leqslant$ 50g/L 时，硫酸根浓度对银的浸出没有影响。

6.3.3.2 $Cu-NH_3-S_2O_3^{2-}$ 体系中 Ag_2S 的浸出

Briones 和 Lapidus[211]研究了银的硫化物（辉银矿）的硫代硫酸盐浸出，发现 Cu^{2+} 与硫代硫酸盐反应形成连四硫酸盐离子、Cu（Ⅰ）的硫代硫酸盐或者氨的络合物；通过置换反应，硫代硫酸盐使固相硫化银游离出银，使硫化银的浸出有别于需要氧化剂（假设为 Cu^{2+}）时金属金或者银的浸出。此外，氨与硫代硫酸盐的摩尔比对提取速度来说，是一个重要的因素；溶液中铜的主要形态依赖于氨和硫代硫酸盐的比例。Briones 和 Lapidus 还建立了该体系中银浸出的数学模型，模型考虑了氧化还原和络合平衡。低氨浓度下的反应与该模型有较好的吻合，高氨浓度下的差异可能是由于在此条件下，二价铜离缓慢的还原速度所导致。

Flett[212]认为反应过程中不需要氧化剂，且硫化铜和硫化银的密度相似，取代会导致无孔或细孔矿物的产生。Li[213]根据 $Cu^{2+}-NH_3-S_2O_3^{2-}$ 的电位-pH 图，认为保持适当的 $NH_3/S_2O_3^{2-}$ 比例是十分重要的，同时氧化剂也是必需的，以保持 Cu（Ⅱ）/Cu（Ⅰ）的平衡。实际矿物实验表明，除了铜离子的浓度以外，氨和硫代硫酸盐的比例同样影响银的浸出速率，较低的比例更适合银的溶解和提取。

6.3.4 酸性硫代硫酸盐体系中硫化银的浸出

银可与硫代硫酸根形成稳定的络合物，然而，硫代硫酸根的络合能力不足以从硫化银精矿中提取银。硫化银分解过程中介质的 pH 值至关重要，需维持在 4.0 以上[214]。为了增加硫化银的溶解度，硫离子需被氧化为单质硫，但同时硫代硫酸根也有可能被氧化为连四硫酸根。

$$Ag_2S \Longrightarrow 2Ag^+ + S^{2-} \tag{6-28}$$

$$Ag^+ + 2S_2O_3^{2-} \Longrightarrow Ag(S_2O_3)_2^{3-} \tag{6-29}$$

$$S^{2-} + 2H^+ \Longrightarrow H_2S \tag{6-30}$$

$$2H_2S + S_2O_3^{2-} + 2H^+ \Longequal 4S + 3H_2O \qquad (6-31)$$

反应总式：

$$2Ag_2S + 9S_2O_3^{2-} + 6H^+ \Longequal 4Ag(S_2O_3)_2^{3-} + 4S + 3H_2O \qquad (6-32)$$

溶液的 pH 值用 0.01mol/L CH_3COOH/CH_3COONH_4 缓冲溶液调整至 4.15。

需要注意的是，该浸出体系的选择性不高，可以提取除了金和铂以外所有硫化物中的金属。因此使用这一方法从复杂多金属硫化矿中回收银的同时，其他金属硫化物也被浸出，这将会大大增加生产的成本。

6.4　无氨硫代硫酸盐浸出硫化银矿新工艺的提出

传统的氰化法处理硫化银矿物反应时间长、浸出率低，难以将银有效回收，且氰化物对环境极不友好。近年来研究较多的硫代硫酸盐法通常是在含有铜的氨性溶液中浸出金银矿物，反应过程中，NH_3 与 Cu^{2+} 形成 $Cu(NH_3)_4^{2+}$，催化金、银的反应过程，且氨的浓度对回收率的高低有显著影响，成为必不可少的药剂。然而，无论是以氨气，或是以氨水的形式，氨都会对环境产生影响。在空气中，对氨气的允许浓度是 14mg/L，被列入与 HCN 相似的一类气体。在水中，铵离子（NH_4^+）的毒性很低，而浸出过程中的有效成分为游离氨，游离氨与氯化物毒性相似，且很难分解，最后会代谢成硝酸盐，后者有可能助长藻类的生长和污染地下水。因此，为了提高金属的浸出率和防止氨气释放到环境中，必须严格控制浸出液的 pH 值范围在 9~10 之间。另一方面，$Cu(NH_3)_4^{2+}$ 在催化金银浸出的同时，也加速了 $S_2O_3^{2-}$ 的氧化分解，大大增加了硫代硫酸盐的消耗，使得该方法变得不经济。由于硫代硫酸盐法的这些局限性使得该方法难以在工业上推广应用，目前仍处于实验室研究阶段。

崔毅琦[75]提出一种无氨硫代硫酸盐浸出硫化银矿的新工艺。该工艺由于不使用氨以及任何形式的铵盐，避免了由氨或铵盐所带来的不利影响，具有低消耗、高效率、环境友好等特点。下面将对无氨硫代硫酸盐浸出硫化银矿工艺和反应机理进行深入的分析，为该工艺的系统研究将为硫化银矿的合理开发利用和高效回收提供理论依据。

6.5　本章小结

硫化银矿是最重要的银矿资源，由于硫化银的性质，采用氰化法不仅药剂用量大、浸出时间长，而且难以获得令人满意的回收效果。国内外科研工作者也尝试了多种浸出技术，取得了一定的成绩，也存在一些不足：硫脲法浸出不稳定、氯化法选择性差、硝酸法需在一定温度和压力下浸出、铁氰化物法又失去了环保优势。无氨硫代硫酸盐浸出硫化银矿新工艺的提出可避免氨性硫代硫酸盐法所带来的环保问题，为硫代硫酸盐法的工业化推广提供新方向。

7 无氨硫代硫酸盐法浸出硫化银的热力学

硫化银的浸出过程是一个化学过程，应用化学热力学原理可以研究其浸出过程中化学反应的平衡关系，并且各种化学过程都伴随有一定能量的变化，利用热力学原理可以有效地分析和判断化学反应的可能性、方向及深度。

7.1 硫化银在硫代硫酸盐体系中的化学反应

铜-硫代硫酸盐体系中的化学反应是复杂的，Cu(Ⅱ) 离子可与 $S_2O_3^{2-}$ 生成各种价态的硫氧化合物[49,211]、硫代硫酸铜络合物，继而与硫化银发生反应，铜离子也可能直接与硫化银反应[90]，几种硫代硫酸铜络合物亦可相互转化，搞清楚反应进行的可能性和反应可能进行的最大程度是十分必要的。因此，本书利用化学热力学原理对相关化学反应进行了计算和讨论。

7.1.1 热力学计算方法

对于一个化学反应，通常用自由能（G）状态函数来判断过程自发进行的方向和平衡状态。标准自由能变化的计算公式为：

$$\Delta G_T^\ominus = \sum_i v_i G_i^\ominus \tag{7-1}$$

式中，v_i 为计量系数，生成物取 "+" 号，反应物取 "-" 号；$G_i^\ominus$ 为物质的标准吉布斯自由能，可查表得到，或由式（7-2）计算：

$$G_i^\ominus = H_i^\ominus + TS_i^\ominus \tag{7-2}$$

式中 $H_i^\ominus$——纯物质的标准生成焓；

$S_i^\ominus$——纯物质的标准摩尔熵。

对于一个可逆反应，当化学反应达到平衡时，其标准自由能变 $\Delta G_T^\ominus$ 与平衡常数 K^0 有以下关系：

$$\Delta G_T^\ominus = - RT\ln K^0 \tag{7-3}$$

也可表示为

$$\ln K^0 = \frac{- \Delta G_T^\ominus}{RT} \tag{7-4}$$

$$或 \qquad \lg K^0 = \frac{-\Delta G_T^{\ominus}}{2.303RT} \qquad\qquad (7-5)$$

反应的可能性取决于反应的吉布斯自由能变化 ΔG。在恒温恒压的条件下，反应系统的状态总是自发地向着吉布斯自由能减小的方向进行，直到吉布斯自由能减小到该条件下的极小值时，状态不再发生自发变化，达到平衡。如反应体系的吉布斯自由能减少，即 ΔG_T 为负值，$\Delta G_T<0$，此时 $\ln K$ 为正值，反应可自发进行。若反应体系的吉布斯自由能增大，即 ΔG_T 为正值，$\Delta G_T>0$，此时，$\ln K$ 为负值，则该反应不能自发进行。

7.1.2 Ag_2S 在 $Cu-S_2O_3^{2-}-H_2O$ 体系中可能发生的化学反应

$Cu-S_2O_3^{2-}-H_2O$ 体系是十分复杂的，铜离子不仅可以将 $S_2O_3^{2-}$ 氧化为 $S_4O_6^{2-}$、$S_3O_6^{2-}$、SO_3^{2-} 以及 SO_4^{2-} 等多种硫氧化合物，并可与其形成络合物。本书计算了 298K 下，银、铜在硫代硫酸盐溶液中可能发生的化学反应及相应的吉布斯自由能和反应平衡常数，列于表 7-1。其中反应序号（1~5）是 Cu^{2+} 与 $S_2O_3^{2-}$ 之间发生的氧化还原并形成络合物及络合物之间转化的反应；反应序号（6~10）是硫化银和自然银与硫代硫酸铜络合物之间的化学反应；反应序号（11~18）是硫化银及自然银在硫代硫酸盐溶液中的溶解反应；反应序号（19~20）是硫代硫酸银络合物之间的转化反应；反应序号（21~26）是硫化亚铜及自然铜在硫代硫酸盐溶液中的溶解反应。

7.2 Eh-pH 图

银的浸出以及从浸出液中或矿浆中回收银的过程都是在水溶液中进行的，银能否进入溶液，以何种形式进入溶液，以及在溶液中的稳定性如何，是能否实现有效提银的关键。在浸出过程中，各种金属离子在水溶液中的稳定性与溶液的电位、pH 值、离子活度、温度和压力等因素有关，现代湿法冶金广泛使用 Eh-pH 图来分析浸出过程的热力学条件[99]。

7.2.1 Eh-pH 图的理论计算

电化学中电极电势的大小反映出物质氧化还原能力的大小，很多氧化还原反应不仅与溶液中离子浓度有关，而且与溶液的 pH 值有关。在指定的温度和压力条件下，将电势与 pH 值的关系表示在图上，用来表明物质在溶液中稳定存在的区域和范围，而每条曲线则反映了物质的电极电势与 pH 值的关系。湿法冶金过程中的化学反应可以用式（7-6）表示：

$$a\mathrm{A} + b\mathrm{B} + m\mathrm{H}^+ + ne = c\mathrm{C} + d\mathrm{D} \qquad\qquad (7-6)$$

表 7-1 硫代硫酸盐浸出硫化银时可能发生的化学反应（298K）

序号	化学反应	$\Delta G/\text{kJ} \cdot \text{mol}^{-1}$	$\ln K$
1	$2Cu^{2+}+4S_2O_3^{2-}=2CuS_2O_3^-+S_4O_6^{2-}$	-98.79	39.87
2	$2Cu^{2+}+6S_2O_3^{2-}=2Cu(S_2O_3)_2^{3-}+S_4O_6^{2-}$	-153.69	62.032
3	$2Cu^{2+}+8S_2O_3^{2-}=2Cu(S_2O_3)_3^{5-}+S_4O_6^{2-}$	-165.96	66.985
4	$CuS_2O_3^-+S_2O_3^{2-}=Cu(S_2O_3)_2^{3-}$	-12.13	4.90
5	$Cu(S_2O_3)_2^{3-}+S_2O_3^{2-}=Cu(S_2O_3)_3^{5-}$	-6.18	2.494
6	$Ag_2S+2CuS_2O_3^-=Cu_2S+2AgS_2O_3^-$	-8.48	3.423
7	$Ag_2S+2Cu(S_2O_3)_2^{3-}=Cu_2S+2Ag(S_2O_3)_2^{3-}$	-58.68	23.683
8	$Ag_2S+2Cu(S_2O_3)_3^{5-}=Cu_2S+2Ag(S_2O_3)_3^{5-}$	-83.14	33.557
9	$Ag+Cu(S_2O_3)_2^{3-}=Cu+Ag(S_2O_3)_2^{3-}$	-6.36	2.571
10	$Ag+Cu(S_2O_3)_3^{5-}=Cu+Ag(S_2O_3)_3^{5-}$	-18.6	7.507
11	$2Ag_2S+4S_4O_6^{2-}+6OH^-=4AgS_2O_3^-+5S_2O_3^{2-}+3H_2O$	-222.18	89.677
12	$2Ag_2S+4S_4O_6^{2-}+6OH^-=4Ag(S_2O_3)_2^{3-}+S_2O_3^{2-}+3H_2O$	-371.37	149.893
13	$2Ag_2S+4S_4O_6^{2-}+3S_2O_3^{2-}+6OH^-=4Ag(S_2O_3)_3^{5-}+3H_2O$	-445.29	179.728
14	$Ag_2S+4S_2O_3^{2-}+2H^+=2Ag(S_2O_3)_2^{3-}+H_2S$	-38.97	15.729
15	$Ag_2S+6S_2O_3^{2-}+2H^+=2Ag(S_2O_3)_3^{5-}+H_2S$	-75.79	30.590
16	$2Ag+4S_2O_3^{2-}+2H_2O+O_2=2AgS_2O_3^-+S_4O_6^{2-}+4OH^-$	-116.41	46.986
17	$2Ag+6S_2O_3^{2-}+2H_2O+O_2=2Ag(S_2O_3)_2^{3-}+S_4O_6^{2-}+4OH^-$	-191.13	77.144
18	$2Ag+8S_2O_3^{2-}+2H_2O+O_2=2Ag(S_2O_3)_3^{5-}+S_4O_6^{2-}+4OH^-$	-228.09	92.062
19	$AgS_2O_3^-+S_2O_3^{2-}=Ag(S_2O_3)_2^{3-}$	-37.23	15.027
20	$Ag(S_2O_3)_2^{3-}+S_2O_3^{2-}=Ag(S_2O_3)_3^{5-}$	-18.41	7.431
21	$2Cu_2S+4S_4O_6^{2-}+6OH^-=4CuS_2O_3^-+5S_2O_3^{2-}+3H_2O$	-205.77	83.058
22	$2Cu_2S+4S_4O_6^{2-}+3S_2O_3^{2-}+6OH^-=4Cu(S_2O_3)_3^{5-}+3H_2O$	-279.01	112.614
23	$2Cu_2S+4S_4O_6^{2-}+6OH^-=4Cu(S_2O_3)_2^{3-}+S_2O_3^{2-}+3H_2O$	-254.29	102.637
24	$2Cu+4S_2O_3^{2-}+2H_2O+O_2=2CuS_2O_3^-+S_4O_6^{2-}+4OH^-$	-154.27	62.267
25	$2Cu+6S_2O_3^{2-}+2H_2O+O_2=2Cu(S_2O_3)_2^{3-}+S_4O_6^{2-}+4OH^-$	-178.54	72.058
26	$2Cu+8S_2O_3^{2-}+2H_2O+O_2=2Cu(S_2O_3)_3^{5-}+S_4O_6^{2-}+4OH^-$	-190.89	77.047

表 7-1 中所涉及物质的标准吉布斯自由能列于表 7-2 中。

表 7-2　物质的标准自由能 (kJ/mol, 298K)

化学式	状态	$\Delta G^{\ominus}$	化学式	状态	$\Delta G^{\ominus}$
Cu	s	0	$CuS_2O_3^-$	aq	−526.611
Cu^{2+}	aq	64.98	$Cu(S_2O_3)_2^{3-}$	aq	−1057.2
Cu_2S	s	−86.19	$Cu(S_2O_3)_3^{5-}$	aq	−158.82
Ag	s	0	$AgS_2O_3^-$	aq	−507.52
Ag^+	aq	77.71	$Ag(S_2O_3)_2^{3-}$	aq	−1063.57
Ag_2S	s	40.25	$Ag(S_2O_3)_3^{5-}$	aq	−1600.80
H^+	aq	0	$S_2O_3^{2-}$	aq	−518.82
OH^-	aq	−157.32	$S_4O_6^{2-}$	aq	−1022.15
H_2O	aq	−237.19	O_2	g	0
H_2S	g	−27.36			

注：s—固态，aq—液态，g—气态。

反应分为以下三种类型：

（1）无 H^+ 和 OH^- 参加的电极反应：

$$aA + bB + ne \Longrightarrow cC + dD \tag{7-7}$$

反应的自由能变化为：

$$\Delta G = \Delta G^{\ominus} + RT\ln\frac{a_C^c \cdot a_D^d}{a_A^a \cdot a_B^b} \tag{7-8}$$

$$\Delta G = -nFE \tag{7-9}$$

$$\Delta G^{\ominus} = -nFE^{\ominus} \tag{7-10}$$

其电极电势为：

$$E = E^{\ominus} - \frac{2.303RT}{nF}\lg\frac{a_C^c \cdot a_D^d}{a_A^a \cdot a_B^b} \tag{7-11}$$

25℃时，电极的电势为：

$$E = E^{\ominus} - \frac{0.0591}{n}\lg\frac{a_C^c \cdot a_D^d}{a_A^a \cdot a_B^b} \tag{7-12}$$

式中　　　　E——电极电位；

$E^{\ominus}$——标准电极电位；

n——电子迁移数；

a_A，a_B，a_C，a_D——反应物及生成物的活度。

这类反应的电极电势与 pH 无关，当影响平衡的有关物质的活度改变时，反应的平衡电势发生变化，因此在 Eh-pH 图上将对应得到一组平行于横轴的直线。

（2）有 H^+ 和 OH^- 参加的非电化学反应：

$$aA + bB + mH^+ = cC + dD \tag{7-13}$$

其电极电势为：

$$pH = \frac{-\Delta G}{2.303} - \frac{1}{m}\lg\frac{a_C^c \cdot a_D^d}{a_A^a \cdot a_B^b} \tag{7-14}$$

这类反应只与溶液的 pH 值有关而与电势无关，对于这类反应在 Eh-pH 图上得到一组平行于纵轴的直线，一个 pH 值对应一条直线。

（3）有 H^+ 和 OH^- 参加的电极反应：

$$aA + bB + mH^+ + ne = cC + dD \tag{7-15}$$

其电极电势为：

$$E = E^{\ominus} - \frac{0.0591}{n}\lg\frac{a_C^c \cdot a_D^d}{a_A^a \cdot a_B^b} - 0.0591\frac{m}{n}pH \tag{7-16}$$

这类反应的电极电势与 pH 有关，在 Eh-pH 图上对应的是一条斜线。

由于在水溶液中 H_2O、H^+ 和 OH^- 同时存在，而且可能参加反应，并析出气态 H_2 和 O_2，反应为：

$$2H^+ + 2e = H_2 \tag{7-17}$$

$$O_2 + 4H^+ + 4e = 2H_2O \tag{7-18}$$

298K 以及 p_{H_2}，p_{O_2} 为 101325Pa 时，反应的电极电势分别为：

$$E_{O_2/H_2O} = 1.229 - 0.0591pH \tag{7-19}$$

$$E_{H^+/H_2} = -0.0591pH \tag{7-20}$$

由此可以得到 H_2O 的热力学稳定图，见图 7-1。

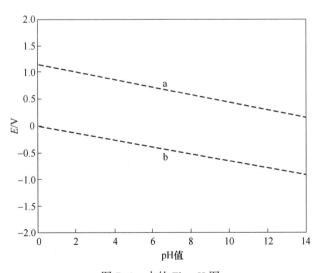

图 7-1 水的 Eh-pH 图

图 7-1 可分为三个区域：

（1）当电势高于 a 线时，H_2O 将分解放出 O_2，为氧的稳定存在区；

（2）当电势低于 b 线时，H^+ 或 H_2O 将被还原为 H_2，为氢的稳定存在区；

（3）a、b 线之间是水的热力学稳定区。

当体系电势在水的稳定区范围内，物质不与水的离子或分子相互作用，可以稳定存在于水溶液中。

7.2.2　$Ag_2S-S_2O_3^{2-}-H_2O$ 体系的 Eh-pH 图

李月娥[109]计算并绘制了 $Ag-S_2O_3^{2-}-H_2O$ 体系的 Eh-pH 图，陆跃华[188]给出了 $Ag_2S-NH_3-H_2O$ 系的 Eh-pH 图，Zipperian 给出了 $Ag-NH_3-S_2O_3^{2-}-H_2O$ 系的 Eh-pH 图[207]。杨显万、张英杰[215]计算并绘制了 Ag_2S-H_2O 体系在 298K 时的 Eh-pH 图，如图 7-2 所示。

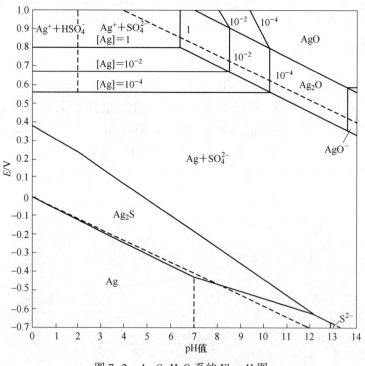

图 7-2　Ag_2S-H_2O 系的 Eh-pH 图

$t=298K$，$c[S(II)]=c[S(VI)]=10^{-2}mol/L$

从图 7-2 中可以看出，在不含络合剂的介质中，不同的 pH 值和电位下，Ag_2S 会分解为单质银，不能通过任何方式进入溶液，这是由 Ag_2S 的热力学性质决定的。为了使其能够溶解于水中，络合剂的添加必不可少。

本书计算并绘制了 $Ag_2S-S_2O_3^{2-}-H_2O$ 体系在 298K 时的 Eh-pH 图，从图 7-3 可以看出，在含有 $S_2O_3^{2-}$ 介质的溶液中，Ag_2S 可以很容易地溶解，并与 $S_2O_3^{2-}$ 形成络合物，且 pH 值在 0~14 范围内，络合物可以稳定存在。在较低的 pH 值下，所需电位较高，随着 pH 值的升高，硫代硫酸银络合物的稳定电位有所降低，这为辉银矿及螺硫银矿在 $S_2O_3^{2-}$ 溶液中的浸出奠定了理论基础。

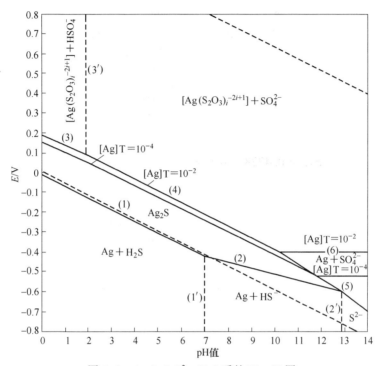

图 7-3　$Ag_2S-S_2O_3^{2-}-H_2O$ 系的 Eh-pH 图

$t = 298K,\ [S(II)] = [S(VI)] = 10^{-2}mol/L,\ [S_2O_3^{2-}] = 0.1mol/L$

图中相应各线的反应式和平衡方程式列于下：

(1′) $H_2S \rightleftharpoons HS^- + H^+$　pH = 6.97

(2′) $HS^- \rightleftharpoons S^{2-} + H^+$　pH = 12.90

(3′) $HSO_4^- \rightleftharpoons H^+ + SO_4^{2-}$　pH = 1.98

(1) $Ag_2S + 2H^+ + 2e \rightleftharpoons 2Ag + H_2S$

$$E_{298} = -0.067 - 0.0591pH - 0.0296lg[H_2S]$$

(2) $Ag_2S + H^+ + 2e \rightleftharpoons 2Ag + HS^-$

$$E_{298} = -0.2732 - 0.0296pH - 0.0296lg[HS^-]$$

(3) $2Ag^+ + HSO_4^- + 7H^+ + 8e \rightleftharpoons Ag_2S + 4H_2O$

$$E_{298} = 0.5020 - 0.052pH + 0.0074lg[HSO_4^-] + 0.0148lg[Ag]_T - 0.0148lg\Phi_{Ag}$$

式中 $\Phi_{Ag} = \sum \beta_i[S_2O_3^{2-}]^i$，$\beta_{Agi}$ 为 $Ag(S_2O_3)_i^{1-2i}$ 的累计生成常数，以下同。

$$[S_2O_3^{2-}] = 0.1mol/L,\ \Phi_{Ag} = 1.91 \times 10^{18},\ lg\Phi_{Ag} = 18.2810$$

$$[S_2O_3^{2-}] = 0.1mol/L,\ [HSO_4^-] = 0.01mol/L,$$

$$E_{298} = 0.2166 - 0.052pH + 0.0148lg[Ag]_T$$

$$[Ag]_T = 10^{-2}mol/L,\ E_{298} = 0.187 - 0.052pH$$

$$[Ag]_T = 10^{-4}mol/L,\ E_{298} = 0.1574 - 0.052pH$$

（4）$2Ag^+ + SO_4^{2-} + 8H^+ + 8e \Longrightarrow Ag_2S + 4H_2O$

$$E_{298} = 0.5166 - 0.0591pH + 0.0074lg[SO_4^{2-}] + 0.0148lg[Ag]_T - 0.0148lg\Phi_{Ag}$$

$$[S_2O_3^{2-}] = 0.1mol/L,\ [SO_4^{2-}] = 0.01mol/L$$

$$E_{298} = 0.2312 - 0.0591pH + 0.0148lg[Ag]_T$$

$$[Ag]_T = 10^{-2}mol/L,\ E_{298} = 0.2016 - 0.0591pH$$

$$[Ag]_T = 10^{-4}mol/L,\ E_{298} = 0.172 - 0.0591pH$$

（5）$2Ag + SO_4^{2-} + 8H^+ + 6e \Longrightarrow Ag_2S + 4H_2O$

$$E_{298} = 0.4228 - 0.0788pH + 0.01lg[SO_4^{2-}]$$

$$[SO_4^{2-}] = 0.01mol/L,\ E_{298} = 0.4028 - 0.0788pH$$

（6）$Ag^+ + e \Longrightarrow Ag$

$$E_{298} = 0.799 + 0.0591lg[Ag]_T - 0.0591lg\Phi_{Ag}$$

$$E_{298} = -0.2814 + 0.0591lg[Ag]_T$$

$$[Ag]_T = 10^{-2}mol/L,\ E_{298} = -0.3996$$

$$[Ag]_T = 10^{-4}mol/L,\ E_{298} = -0.5178$$

其中，$Ag(S_2O_3)_i^{1-2i}$ 的累计生成常数的计算如下：

溶液中有金属离子 Ag^+，配位体 $S_2O_3^{2-}$，生成一系列络合物

$$Ag^+ + iS_2O_3^{2-} \Longrightarrow Ag(S_2O_3)_i^{-2i+1}$$

每种络合物的累计生成常数

$$\beta_{Agi} = [Ag(S_2O_3)_i^{-2i+1}]/[Ag^+][S_2O_3^{2-}]^i$$

式中　$[Ag(S_2O_3)_i^{-2i+1}]$——$Ag(S_2O_3)_i^{-2i+1}$ 的浓度；

$\qquad [Ag^+]$——Ag^+ 的浓度；

$\qquad [S_2O_3^{2-}]$——$S_2O_3^{2-}$ 的浓度。

溶液中金属银的物质平衡方程为：

$$[Ag]_T = \sum \beta_{Agi}[Ag(S_2O_3)_i^{-2i+1}] = [Ag^+]\sum \beta_i[S_2O_3^{2-}]^i$$

式中　$[Ag]_T$——金属银在溶液中的总浓度，$i = 0\sim3$。

令 $\qquad\qquad\qquad\qquad \Phi = \sum \beta_{Agi}[S_2O_3^{2-}]^i$

则有 $\qquad\qquad\qquad\qquad [Ag]_T = [Ag^+]\Phi$

或 $\qquad\qquad\qquad\qquad [Ag^+] = [Ag]_T\Phi^{-1}$

络合物的累计生成常数又称为稳定常数或累计稳定常数。298K 时，银与硫代硫酸盐络合物的平衡常数计算为：

$$Ag^+ + S_2O_3^{2-} \Longrightarrow AgS_2O_3^-$$
$$\Delta G_{298}^{\ominus} = -507.52 - 77.11 - (-518.82) = -65.81kJ$$
$$K_1 = \exp[-\Delta G/RT] = [65810/(8.314 \times 298)] = 3.43 \times 10^{11}$$
$$Ag^+ + 2S_2O_3^{2-} \Longrightarrow Ag(S_2O_3)_2^{3-}$$
$$\Delta G_{298}^{\ominus} = -1063.57 - 77.11 - (-518.82) \times 2 = -103.04kJ$$
$$K_2 = \exp[-\Delta G/RT] = 1.18 \times 10^{18}$$
$$Ag^+ + 3S_2O_3^{2-} \Longrightarrow Ag(S_2O_3)_3^{5-}$$
$$\Delta G_{298}^{\ominus} = -1600.80 - 77.11 - (-518.82) \times 3 = -121.45kJ$$
$$K_3 = \exp[-\Delta G/RT] = 1.9 \times 10^{21}$$

由此可得，$[S_2O_3^{2-}] = 0.1mol/L$ 时，溶液中 $Ag(S_2O_3)_i^{1-2i}$ 的累计生成常数为：

$$\sum \beta_{Agi}[S_2O_3^{2-}]^i = 1 + 3.43 \times 10^{11} \times 0.1 + 1.18 \times 10^{18} \times 0.1^2 + 1.9 \times 10^{21} \times 0.1^3$$
$$= 1 + 3.43 \times 10^{10} + 1.18 \times 10^{16} + 1.9 \times 10^{18} = 1.91 \times 10^{18}$$

7.2.3 Cu–S$_2$O$_3^{2-}$–H$_2$O 体系的 Eh–pH 图

本书中 Ag_2S 的溶解是在硫酸铜和硫代硫酸钠的混合溶液中进行的，因此，$Cu-S_2O_3^{2-}-H_2O$ 体系的稳定性对于 Ag_2S 的有效溶解至关重要。本书计算并绘制了 $Cu-S_2O_3^{2-}-H_2O$ 体系在 298K 时的 Eh–pH 图，见图 7-4。

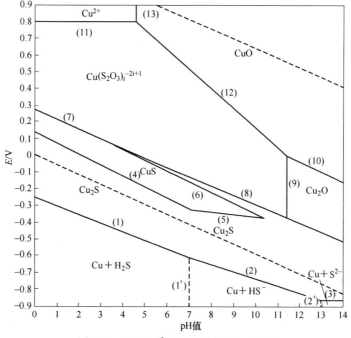

图 7-4 Cu–S$_2$O$_3^{2-}$–H$_2$O 系的 Eh–pH 图

(t = 298K，$[S(II)] = [S(VI)] = 10^{-2}mol/L$，$[S_2O_3^{2-}] = 0.1mol/L$，$[Cu] = 0.05mol/L$)

由图 7-4 看出，铜离子与硫代硫酸根离子形成的络合物 $Cu(S_2O_3)_i^{1-2i}$ 在 pH 值为 0~11.4 的范围内均可稳定存在，在酸性条件下，所需的电位较高，随着 pH 值的升高，稳定电位下降。保持合适的电位，有利于溶液中 $Cu(S_2O_3)_i^{1-2i}$ 络合物的稳定。

图中相应各线的反应式和平衡方程式为：

(1′) $H_2S \Longrightarrow HS^- + H^+$　　pH = 6.97

(2′) $HS^- \Longrightarrow S^{2-} + H^+$　　pH = 12.90

(3′) $HSO_4^- \Longrightarrow H^+ + SO_4^{2-}$　　pH = 1.98

(1) $Cu_2S + 2H^+ + 2e \Longrightarrow 2Cu + H_2S$

$$E_{298} = -0.3048 - 0.0591pH - 0.0296lg[H_2S]$$

(2) $Cu_2S + H^+ + 2e \Longrightarrow 2Cu + HS^-$

$$E_{298} = -0.5118 - 0.0296pH - 0.0296lg[HS^-]$$

(3) $Cu_2S + 2e \Longrightarrow 2Cu + S^{2-}$

$$E_{298} = -0.9257 - 0.0296lg[S^{2-}]$$

(4) $2CuS + 2H^+ + 2e \Longrightarrow Cu_2S + H_2S$

$$E_{298} = 0.0811 - 0.0591pH - 0.0296lg[H_2S]$$

(5) $2CuS + H^+ + 2e \Longrightarrow Cu_2S + HS^-$

$$E_{298} = -0.1259 - 0.0296pH - 0.0296lg[HS^-]$$

(6) $Cu_2S + HSO_4^- + 7H^+ + 6e \Longrightarrow 2CuS + 4H_2O$

$$E_{298} = 0.3585 + 0.0099lg[HSO_4^-] - 0.0690pH$$

(7) $Cu^+ + HSO_4^- + 7H^+ + 8e \Longrightarrow CuS + 4H_2O$

$E_{298} = 0.3822 + 0.0074lg[HSO_4^-] - 0.052pH + 0.0074lg[Cu]_T - 0.0074lg\Phi_{Cu}$

式中　　$\Phi_{Cu} = \sum \beta_{Cui}[S_2O_3^{2-}]^i$。

β_{Cui} 为 $Cu(S_2O_3)_i^{1-2i}$ 的累计生成常数，以下同。

$$[S_2O_3^{2-}] = 0.1mol/L, \quad \Phi_{Cu} = 8.79 \times 10^{10}, \quad lg\Phi_{Cu} = 10.9440$$

$$[S_2O_3^{2-}] = 0.1mol/L, \quad [HSO_4^-] = 0.01mol/L,$$

$$E_{298} = 0.2864 - 0.052pH + 0.0074lg[Cu]_T$$

$$[Cu]_T = 5 \times 10^{-2}mol/L, \quad E_{298} = 0.2768 - 0.0517pH$$

(8) $2Cu^+ + SO_4^{2-} + 8H^+ + 8e \Longrightarrow Cu_2S + 4H_2O$

$E_{298} = 0.5065 + 0.0074lg[SO_4^{2-}] - 0.0591pH + 0.0148lg[Cu]_T - 0.0148lg\Phi_{Cu}$

$$[S_2O_3^{2-}] = 0.1mol/L, \quad [SO_4^{2-}] = 0.01mol/L,$$

$$E_{298} = 0.3297 - 0.0591pH + 0.0148lg[Cu]_T$$

$$[Cu]_T = 5 \times 10^{-2}mol/L, \quad E_{298} = 0.3105 - 0.0591pH$$

(9) $Cu_2O + 2H^+ \rightleftharpoons 2Cu^+ + H_2O$

$$pH = -0.8404 - lg[Cu]_T + lg\Phi_{Cu} = 10.1036$$

$$[Cu]_T = 5 \times 10^{-2}mol/L,\ pH = 11.4036$$

(10) $2CuO + 2H^+ + 2e \rightleftharpoons Cu_2O + H_2O$

$$E_{298} = 0.6693 - 0.0591pH$$

(11) $Cu^{2+} + e \rightleftharpoons Cu^+$

$$E_{298} = -0.1531 + 0.0591lg[Cu^{2+}] - 0.0591lg[Cu]_T + 0.0591lg\Phi_{Cu}$$

$$[Cu]_T = 5 \times 10^{-2}mol/L,\ E_{298} = 0.7999$$

(12) $CuO + 2H^+ + e \rightleftharpoons Cu^+ + H_2O$

$$E_{298} = 0.6196 - 0.1182pH - 0.0591lg[Cu]_T + 0.0591lg\Phi_{Cu}$$

$$E_{298} = 1.2664 - 0.1182pH - 0.0591lg[Cu]_T$$

$$[Cu]_T = 5 \times 10^{-2}mol/L,\ E_{298} = 1.3433 - 0.1182pH$$

(13) $CuO + 2H^+ \rightleftharpoons Cu^{2+} + H_2O$

$$pH = 3.9451 - 0.5lg[Cu^{2+}]$$

$$[Cu]_T = 5 \times 10^{-2}mol/L,\ pH = 4.5956$$

其中络合物 $Cu(S_2O_3)_i^{1-2i}$ 的累计生成常数的计算为：

$$Cu^+ + iS_2O_3^{2-} \rightleftharpoons Cu(S_2O_3)_i^{-2i+1}$$

每种络合物的累计生成常数

$$\beta_{Cui} = [Cu(S_2O_3)_i^{-2i+1}]/[Cu^+][S_2O_3^{2-}]^i$$

式中　$[Cu(S_2O_3)_i^{-2i+1}]$——$Cu(S_2O_3)_i^{-2i+1}$ 的浓度；

$\qquad [Cu^+]$——Cu^+ 的浓度；

$\qquad [S_2O_3^{2-}]$——$S_2O_3^{2-}$ 的浓度。

溶液中金属铜的物质平衡方程：

$$[Cu]_T = \sum \beta_{Cui}[Cu(S_2O_3)_i^{-2i+1}] \rightleftharpoons [Cu^+]\sum \beta_{Cui}[S_2O_3^{2-}]^i$$

式中　$[Cu]_T$——金属铜在溶液中的总浓度，$i = 0 \sim 3$。

令　　　　　　　　　$\Phi = \sum \beta_{Cui}[S_2O_3^{2-}]^i$

则有　　　　　　　　$[Cu]_T = [Cu^+]\Phi$

或　　　　　　　　　$[Cu^+] = [Cu]_T\Phi^{-1}$

各种硫代硫酸铜络合物的平衡常数列于表7-3中。可计算得到硫代硫酸铜络合物的累积生成常数：

当 $[S_2O_3^{2-}] = 0.1mol/L$ 时，

$$\sum \beta_{Cui}[S_2O_3^{2-}]^i = 1 + 1.9 \times 10^{10} \times 0.1 + 1.7 \times 10^{12} \times 0.1^2 + 6.9 \times 10^{13} \times 0.1^3$$

$$= 8.79 \times 10^{10}$$

表 7-3　铜与硫代硫酸盐络合物平衡常数

络离子种类	$CuS_2O_3^-$	$Cu(S_2O_3)_2^{3-}$	$Cu(S_2O_3)_3^{5-}$
β_{Cui}	1.9×10^{10}	1.7×10^{12}	6.9×10^{13}

由图 7-3 和图 7-4 可以看出，硫代硫酸银络合物的稳定区域较硫代硫酸铜络合物的稳定区域大，因此，溶解的硫代硫酸盐银络合物可以稳定地存在于硫代硫酸铜络合物溶液中。

7.3　本章小结

（1）通过热力学计算，预测了 $Cu-S_2O_3^{2-}-H_2O$ 体系中可能发生的化学反应，以及硫化银在该体系中可能发生的化学反应。Cu^{2+} 和 $S_2O_3^{2-}$ 之间可能发生氧化还原反应，生成 Cu（Ⅰ）离子，并可以与 $S_2O_3^{2-}$ 进一步结合，形成硫代硫酸铜络合阴离子。硫代硫酸铜的络离子可与 Ag_2S 发生反应，生成硫代硫酸银络合物和 Cu_2S。

（2）计算并绘制了 $Cu-S_2O_3^{2-}-H_2O$ 体系和 $Ag_2S-S_2O_3^{2-}-H_2O$ 的 Eh-pH 图。在不含络合剂的水溶液中，pH=0~14 的范围内，Ag_2S 会分解为单质银，而不能溶解。硫代硫酸盐的加入使 Ag_2S 的溶解成为可能。在 $[S_2O_3^{2-}]=0.1mol/L$ 的水溶液中，Ag_2S 在 pH=0~14 的范围内，以硫代硫酸银络合物的形式溶解于硫代硫酸盐的水溶液中，随着溶液 pH 值的增大，其平衡电位范围由 $E>0.1V$ 降至 $E>-0.4V$。在 $[S_2O_3^{2-}]=0.1mol/L$，$[Cu]=0.05mol/L$ 的水溶液中，硫代硫酸铜络合物可在 pH=0~11.4，$E=-0.4~0.8V$ 的范围内稳定存在。

8 纯硫化银的溶解和
贵液的回收工艺

含银硫化矿的组成是非常复杂的，其中除了目的矿物辉银矿、螺硫银矿外，还可能含有黄铜矿、黄铁矿、方铅矿、闪锌矿等矿物以及脉石矿物。这些物质的存在有可能会影响硫化银矿物的浸出。为了排除这些因素对硫化银浸出的干扰，本章进行了纯 Ag_2S 的溶解试验，研究了药剂比例、药剂浓度、气氛、搅拌速度、pH 值、铵用量、Ag_2S 粒度、反应温度、反应时间等因素在不同参数条件下硫化银的溶解情况，并用锌粉回收贵液中的银。

8.1 原料、装置和方法

8.1.1 浸出原料

由于天然辉银矿和螺硫银矿数量较少，且常以细粒、微细粒包裹于伴生矿物或脉石矿物中，难以得到其纯矿物，因此，研究中所用硫化银由化学法合成，所用化学试剂均为分析纯，见表 8-1，水为二次去离子水。

表 8-1 实验原料表

药剂名称	级 别	产 地
Ag_2S	AR	上海试一化学试剂有限公司
$Na_2S_2O_3 \cdot 5H_2O$	AR	汕头达濠试剂厂
$CuSO_4 \cdot 5H_2O$	AR	汕头达濠试剂厂
$(NH_4)_2SO_4$	AR	天津大茂试剂厂
NaOH	AR	汕头达濠试剂厂
H_2SO_4	AR	成都市科龙化工试剂厂
N_2	—	昆明氧气厂
O_2	—	昆明氧气厂

8.1.2 反应装置

实验中，硫化银的溶解和贵液的置换均在玻璃容器中进行，容器置于 DZKW-4 型电子恒温水浴中以保持反应体系温度恒定，并用 IKA-RW20n 型机械搅拌器对溶液进行搅拌, 反应装置如图 8-1 所示。

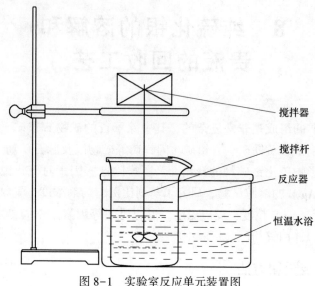

图 8-1　实验室反应单元装置图

8.1.3　浸出方法

浸出中, 首先将五水硫酸铜和五水硫代硫酸钠按照一定的比例先后加入去离子水中, 待试剂完全溶解后, 加入 0.1g Ag_2S 粉末开始搅拌, 反应一定时间后停止搅拌, 用真空过滤机将固液分离, 收集浸渣, 化验贵液当中银离子的浓度, 计算硫化银的溶解率。实验中涉及 $[Cu^{2+}]$ 和 $[S_2O_3^{2-}]$, 如没有特别指出, 均为初始浓度。

置换实验是在玻璃容器中倒入贵液, 用恒温水浴控制其温度为 298K, 加入一定量的 Zn 粉, 对溶液进行搅拌, 开始进行置换反应。一定时间后停止反应, 将固液分离, 化验贫液中银离子浓度, 计算其回收率。

8.2　结果与讨论

8.2.1　硫酸铜与硫代硫酸盐比例对溶解率的影响

硫代硫酸钠加入硫酸铜溶液后, 溶液的颜色迅速变化, 这是由于 Cu(Ⅱ) 离子与硫代硫酸根发生氧化还原反应, 生成 Cu(Ⅰ) 离子, 继而与硫代硫酸根结合为硫代硫酸铜的络合物, 同时硫代硫酸根被氧化为连四硫酸根。

$$2Cu^{2+} + 4S_2O_3^{2-} = 2CuS_2O_3^- + S_4O_6^{2-} \tag{8-1}$$

$$2Cu^{2+} + 6S_2O_3^{2-} = 2Cu(S_2O_3)_2^{3-} + S_4O_6^{2-} \tag{8-2}$$

$$2Cu^{2+} + 8S_2O_3^{2-} = 2Cu(S_2O_3)_3^{5-} + S_4O_6^{2-} \tag{8-3}$$

　　试验发现，硫酸铜与硫代硫酸盐的初始比例会影响溶液中物质的组成及其浓度，进而影响银的溶解率。现将不同 $[Cu^{2+}]/[S_2O_3^{2-}]$ 初始比例下硫化银的溶解率示于图 8-2。

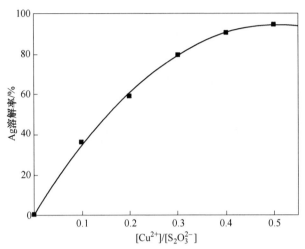

图 8-2　铜与硫代硫酸盐比例对硫化银溶解率的影响

$([S_2O_3^{2-}]=0.12mol/L,\ 298K,\ 3h)$

　　由图 8-2 可知，当溶液中 $[S_2O_3^{2-}]=0.12mol/L$，不含有 Cu^{2+} 时，Ag_2S 的溶解率仅有 0.71%，几乎没有溶解。溶液中加入硫酸铜，当 $[Cu^{2+}]/[S_2O_3^{2-}]$ 的比例仅为 0.1 时，36.14% 的 Ag_2S 被溶解，随着 $[Cu^{2+}]/[S_2O_3^{2-}]$ 比例的进一步提高，Ag_2S 的溶解率也随之增加，当 $[Cu^{2+}]/[S_2O_3^{2-}]=0.4$，$Ag_2S$ 的溶解率达 90% 以上。可以推测，Cu^{2+} 与 $S_2O_3^{2-}$ 反应产生的某种或某些产物能和 Ag_2S 发生反应，使硫化银溶解于水溶液。溶液中 $[Cu^{2+}]/[S_2O_3^{2-}]$ 的比例进一步提高到 0.5 时，硫化银的溶解率没有明显提高。而且，经过一段时间的反应，溶液中产生蓝白色沉淀，该沉淀物为含铜化合物。这一反应在一定程度上降低了溶液中铜离子的浓度，为了减少试剂的消耗，在后面的试验中，取 $[Cu^{2+}]/[S_2O_3^{2-}]$ 比例为 0.4。

8.2.2　硫酸铜与硫代硫酸盐浓度对溶解率的影响

　　周国华[216] 研究发现，当 $[S_2O_3^{2-}]$ 为 0.5mol/L 时，金浸出的初始速率较 $[S_2O_3^{2-}]$ 为 0.2~0.4mol/L 时慢，这是由于当 $[S_2O_3^{2-}]$ 浓度较高时，Cu 主要以 $Cu(S_2O_3)_3^{5-}$ 存在，起催化作用的 $Cu(NH_3)_4^{2+}$ 浓度减小，导致金的浸出速率变慢。曹昌琳[217] 认为，在溶液中加入少量的 $S_2O_3^{2-}$ 就可使金大量进入液相。但是在较低的硫代硫酸盐浓度（0.125mol/L）下，金的浸出动力学是缓慢的，其回收率不到 20%[216]。

为了在较低药剂用量下尽可能地将银回收，试验考查了硫化银在不同硫代硫酸盐浓度下的溶解率，试验结果如图 8-3 所示。

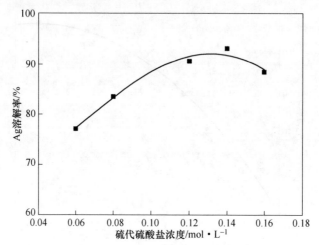

图 8-3　硫代硫酸盐浓度对硫化银溶解率的影响

（$[Cu^{2+}]/[S_2O_3^{2-}] = 0.4$，298K，3h）

维持 $[Cu^{2+}]/[S_2O_3^{2-}]$ 比例为 0.4，当 $[S_2O_3^{2-}] = 0.06mol/L$，反应 3h，$Ag_2S$ 的溶解率为 77.07%；增加溶液中硫代硫酸盐的浓度，Ag_2S 的溶解率随之提高；当溶液中 $[S_2O_3^{2-}] = 0.14mol/L$，$Ag_2S$ 的溶解率达到 93.1%。进一步提高溶液中硫代硫酸盐浓度，反应过程中出现黄色固体，此固体沉淀物不溶于水，经检测为 S 单质。固体 S 单质的产生不仅消耗了溶液中的硫代硫酸盐，还会覆盖于矿物的表面，导致 Ag_2S 的溶解率下降。

龚乾[218]认为，硫代硫酸根只是作为金的络合剂，不参与控制步骤反应，其浓度对反应常数影响很小。但是，在 $Cu-S_2O_3^{2-}-H_2O$ 体系中，硫代硫酸根不仅作为银的络合剂，同时也是有效的反应试剂，但这并不意味着需要更高浓度的硫代硫酸盐。Zipperian[207]指出，在 $Cu-NH_3-S_2O_3^{2-}$ 浸出金、银的体系中，$S_2O_3^{2-}$ 浓度降低，溶液中固体化合物，特别是 Cu_2S 的稳定区域扩大，而 Cu_2S 的存在会导致溶液中已溶出的贵金属沉淀下来。本试验表明，$Cu-S_2O_3^{2-}-H_2O$ 体系中，保持合适的 $[Cu^{2+}]/[S_2O_3^{2-}]$ 比例，Ag_2S 即可被有效地溶解，且反应过程中不会发生银络合物的沉淀。但是，硫代硫酸盐浓度过高，会促进 Cu^{2+} 对 $S_2O_3^{2-}$ 的氧化，使溶液中产生单质硫沉淀。为使反应体系处于一种相对稳定的状态，试验中硫代硫酸根浓度取 0.12mol/L。

8.2.3　气氛对溶解率的影响

在硫代硫酸盐浸金的过程中，由于溶液中氧的溶解度低，且氧在金表面还原速度慢，为了得到较快的金浸出动力学，采用 $Cu(NH_3)_4^{2+}$ 作为溶金氧化剂。在 $Cu-NH_3-S_2O_3^{2-}$ 浸出金银的体系中，$Cu(NH_3)_4^{2+}$ 氧化 Au 成为 Au^+ 的同时被还原为 $Cu(I)$，为了金的进一步浸出，需要氧或其他氧化剂将 $Cu(I)$ 转化为 $Cu(II)$。然而，氧的存在使硫代硫酸盐消耗量增大，并使金表面钝化，影响金的浸出。在黄铁矿精矿浸出过程中，氧的注入可加强硫化物的溶解，使更多的金得以释放，但同时也增加了硫代硫酸盐的消耗。氮气在纯金体系中，可使硫代硫酸盐稳定，并防止金的钝化，极大地提高了金的浸出率，而在硫化矿物的浸出过程中，氮气的注入阻碍硫化物的腐蚀，影响金的总回收率[219]。在浸出实验中发现，$Cu(NH_3)_4^{2+}$ 作为氧化剂对金的浸出有很强的促进作用，充氧对浸金过程也有一定的促进作用，但 $Cu(NH_3)_4^{2+}$ 浓度和充氧量都应适量，否则会加快硫代硫酸盐的消耗，也因此会降低金的浸出率[101]，可见氧气在 $Cu-NH_3-S_2O_3^{2-}$ 浸出金银过程中扮演着重要角色。

为了了解氧在 $Cu-S_2O_3^{2-}-H_2O$ 溶解体系中的作用，试验分别研究了在氮气和氧气气氛下 Ag_2S 的溶解率，试验结果见图 8-4。

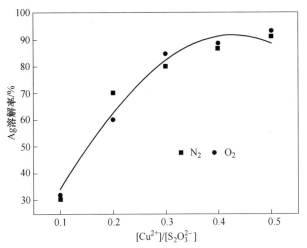

图 8-4　硫化银在氮气和氧气气氛下的溶解率比较

（$[S_2O_3^{2-}]=0.12mol/L$，$[Cu^{2+}]/[S_2O_3^{2-}]=0.4$，298K，3h）

由图 8-4 可以看出，在氮气气氛下，Ag_2S 仍可被有效地溶解。可见，氧气并不参与 Ag_2S 的溶解反应，Ag_2S 的溶解只是溶液中的铜离子、硫代硫酸根离子或其反应产物作用的结果，这与金、银在 $Cu-NH_3-S_2O_3^{2-}$ 体系中的浸出是不同的。该体系必须有氧化剂的参与，龚乾[218]认为氧是反应后期的扩散组分，氧添加速度是浸出的关键问题，氧气加入量过多会导致很低的浸出动力学，用金粉和金矿石进行的试验结果表现出相同的趋势。而在氧化剂不足的低电位情况下，惰性溶液或高铜溶液中，硫代硫酸盐分解，形成黑色硫化铜沉淀。童雄，张艮林[80,220]等通过热力学计算认为氧化剂的标准氧化还原电位大于-0.128V，硫代硫酸盐浸金在热力学上就可以自发进行。Ag_2S 在 $Cu-S_2O_3^{2-}-H_2O$ 体系中的溶解试验发现，$[Cu^{2+}]/[S_2O_3^{2-}]=0.5$ 时，在氮气保护下，体系反应 3h，反应液仍然澄清；反应体系中若充入氧气，反应一段时间后会产生铜的蓝白色沉淀。可见，这种铜的化合物的产生是由氧气的作用引起的。溶液中大量的溶解氧会将 Cu（Ⅰ）氧化为 Cu（Ⅱ）离子，并生成 OH^-：

$$Cu^+ - e \Longrightarrow Cu^{2+} \tag{8-4}$$

$$2H_2O + O_2 + 4e \Longrightarrow 4OH^- \tag{8-5}$$

Cu^{2+} 和 OH^- 再进一步结合生成 $Cu(OH)_2$，其总反应为：

$$2Cu^+ + H_2O + 0.5O_2 \Longrightarrow Cu(OH)_2 + Cu^{2+} \tag{8-6}$$

当铜离子的浓度较高时，氧气会导致体系的不稳定，这对于 Ag_2S 的溶解十分不利，降低 $[Cu^{2+}]/[S_2O_3^{2-}]$ 比例或充入氮气，都是减少这一影响的有效手段。

另外，体系中通入适量的氧气，Ag_2S 的溶解率和溶解速率与氮气保护下情况相似。试验结果表明，在氧气气氛中反应可得到与氮气保护下相同的溶解率。

8.2.4　搅拌速度对溶解率的影响

通常，对于浸出单元，搅拌速度是重要的影响因素。搅拌速度不仅影响溶液中物质的扩散与传质，而且在不同的搅拌速度下，液体中溶解氧的浓度也有所不同。在 $Cu-NH_3-S_2O_3^{2-}$ 浸出体系中，金的浸出率和硫代硫酸盐的氧化率随着搅拌速度的增大而增大[221]。这是因为金表面的络合物随搅拌速度的提高迅速溶解于溶液中，反应物更容易扩散至金的表面，使化学反应得以进行。而且空气中的氧对硫代硫酸盐的氧化分解作用很小，在通常的搅拌条件下，24h 硫代硫酸根的损失率仅为 1.6%~3.8%[106]。

试验考查了搅拌速度对 Ag_2S 在 $Cu-S_2O_3^{2-}-H_2O$ 溶液中溶解率的影响。试验结果见图 8-5。

在 298K 条件下，将 Ag_2S 粉末在 $Cu-S_2O_3^{2-}-H_2O$ 溶液中静置 3h，其溶解率仅有 20.69%。在没有外加作用力的时候，水溶液中分子的扩散依赖于分子的热运动，若溶液温度较低，分子的热运动速度缓慢，严重影响溶质的传质、扩散，使得反应产物的局部浓度较高，反应物难以扩散至 Ag_2S 表面发生进一步反应，从而导致硫化银的溶解率较低。随着搅拌强度的增加，Ag_2S 颗粒悬浮于溶液中，与溶液中的反应物充分接触，同时，反应产物随搅拌速度的提高迅速扩散于溶液中，溶解率逐渐上升。当转速为 250r/min 时，溶解率达 92.60%；提高转速至 300r/min，溶解率无明显变化；进一步增加搅拌强度，溶解率反而有所下降。这

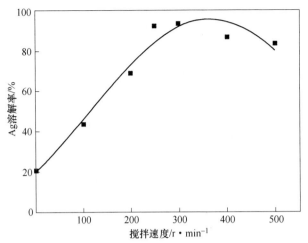

图 8-5 搅拌速度对硫化银溶解率的影响

$([Cu^{2+}]/[S_2O_3^{2-}]=0.4,\ [S_2O_3^{2-}]=0.12mol/L,\ 3h,\ 298K)$

是由于提高搅拌强度可以增强液体的传质、扩散,当搅拌强度达到一定程度后,继续提高搅拌强度,固相和液相间的相对运动速率反而下降,固液两相界面的传质速率减小,最终导致 Ag_2S 的溶解率下降。对于该溶解反应,保持搅拌速度在 $250\sim350r/min$ 是比较合适的。

8.2.5 pH 值对溶解率的影响

硫代硫酸根离子是亚稳态的,在酸性条件下易发生分解反应:

$$S_2O_3^{2-} + 2H^+ =\!=\!= H_2O + SO_2 + S \qquad (8-7)$$

因此,硫代硫酸盐浸金需在碱性条件下进行。众所周知,在硫代硫酸盐浸金中,$Cu(NH_3)_4^{2+}$ 络离子起氧化作用,而水溶液中 $Cu(NH_3)_4^{2+}$ 络离子在 pH=9 左右的范围最为稳定,pH<9 的溶液中,铜氨络离子浓度相应减小,导致金的初始浸出速率及浸出率明显降低[216]。若溶液的 pH 值太高,$S_2O_3^{2-}$ 可能作为还原剂将已经浸出的金又还原成金属状态[207]:

$$2Au(S_2O_3)_2^{3-} + 2OH^- =\!=\!= 2Au + S_2O_4^{2-} + 3S_2O_3^{2-} + 2H_2O \qquad (8-8)$$

控制溶液的 pH 值,不仅可以得到较高的金浸出率,同时也是提高浸出体系稳定性的关键因素。姜涛的研究表明,pH 值在 $3.92\sim12.00$ 的范围内,24h 后 $S_2O_3^{2-}$ 的损失率小于1%,pH 值为 $10\sim11$,$S_2O_3^{2-}$ 的损失率仅为 0.66%[106]。进一步提高溶液 pH 值,硫代硫酸盐的消耗率随时间的延长而增加,可见,控制溶液的 pH 值在 $Cu\text{-}NH_3\text{-}S_2O_3^{2-}$ 浸金过程中是至关重要的。试验研究了溶液在不同 pH 值条件下,Ag_2S 在 $Cu\text{-}S_2O_3^{2-}\text{-}H_2O$ 溶液中的溶解率,试验结果见图 8-6。

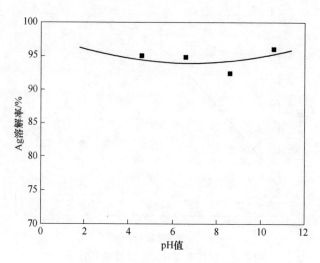

图 8-6　溶液 pH 值对硫化银溶解率的影响

($[Cu^{2+}]/[S_2O_3^{2-}]=0.4$，$[S_2O_3^{2-}]=0.12mol/L$，298K，250r/min)

由图 8-6 可以看出，与 $Cu-NH_3-S_2O_3^{2-}$ 浸出体系不同，pH 值对 Ag_2S 在 $Cu-S_2O_3^{2-}-H_2O$ 溶液中的溶解无显著影响，当 pH 在 2.6~10.6 的范围内，Ag_2S 的溶解率基本维持在 95% 左右。由此可见，$Cu-S_2O_3^{2-}-H_2O$ 体系中反应物在较广的 pH 值范围内均可稳定存在，并可有效地与 Ag_2S 发生反应。在碱性条件下有可能发生如下反应：

$$2Ag_2S + 4S_4O_6^{2-} + 6OH^- \Longrightarrow 4Ag(S_2O_3)_2^{3-} + S_2O_3^{2-} + 3H_2O \quad (8-9)$$
$$2Ag_2S + 4S_4O_6^{2-} + 3S_2O_3^{2-} + 6OH^- \Longrightarrow 4Ag(S_2O_3)_3^{5-} + 3H_2O \quad (8-10)$$

酸性条件下可能发生如下反应：

$$Ag_2S + 4S_2O_3^{2-} + 2H^+ \Longrightarrow 2Ag(S_2O_3)_2^{3-} + H_2S \quad (8-11)$$
$$Ag_2S + 6S_2O_3^{2-} + 2H^+ \Longrightarrow 2Ag(S_2O_3)_3^{5-} + H_2S \quad (8-12)$$

在含有 $S_2O_3^{2-}$ 的溶液中，H^+ 和 OH^- 均可以在一定程度上可促进 Ag_2S 的溶解（如反应式（8-9）~式（8-12）所示），但是其反应的进行是十分有限的，硫代硫酸铜络合物与硫化银的反应仍然占主导地位。由于 Ag_2S 在 $Cu-S_2O_3^{2-}-H_2O$ 体系中的溶解受 pH 值影响不大，在矿石的浸出过程中，无需调节和控制矿浆 pH 值，使操作变得简单易行，大大降低了生产成本，提高了生产效率。

试验同时考察了在反应进行过程中 pH 值的变化情况，见图 8-7。在 5 组试验中。除了 pH=2.6 的试验中，反应自始至终，溶液的 pH 值无明显变化，保持在 2.6~2.9 之间，其余各试验，无论反应初始的 pH 值或高或低，最终都变化至 8.0~8.6 之间，pH 为 8.6 的溶液中 pH 值始终不变。因此，在酸性和强碱性溶液中可能发生反应式（8-9）、式（8-10）和反应式（8-11）、式（8-12），当溶液 pH 值为 8.6 时，H⁺ 和 OH⁻ 未参与反应，因此 Ag₂S 的溶解率较其他 pH 值条件下略低。

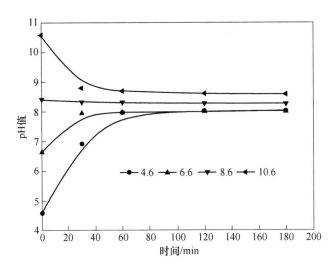

图 8-7 溶解过程中溶液 pH 值的变化

$([Cu^{2+}]/[S_2O_3^{2-}] = 0.4$，$[S_2O_3^{2-}] = 0.12mol/L$，298K，250r/min$)$

8.2.6 氨对溶解率的影响

氨的浓度以及氨与硫代硫酸根的比例在 Cu-NH₃-S₂O₃²⁻ 浸出体系中起着决定性作用，氨浓度增加有利于稳定二价铁氨络合物、铜氨络合物、金氨络合物，同时促进黄铁矿分解。曹昌琳[217]研究了经氨性硫代硫酸盐浸取的含铜硫化金精矿的矿物物相变化，金精矿经氨性硫代硫酸铵溶液浸取后，可使金银细粒裸露出来，继而与硫代硫酸根结合形成络合物。无氨时金的提取动力学是缓慢的，此时，溶液中铜以 $Cu(S_2O_3)_3^{5-}$ 形式存在，金的浸出率极低。在固定 pH = 9.0 的情况下，氨水总浓度越大，溶液中 NH_4^+ 的浓度也越大，$[NH_3]/[NH_4^+]$ 比值减小，溶液中铜离子主要以 $Cu(S_2O_3)_2^{3-}$ 存在，起氧化作用的 $Cu(NH_3)_4^{2+}$ 浓度相对降低，氧化能力减弱。Abbruzzese[49]认为氨浓度大于 4mol/L 时，会缩小 $Cu(NH_3)_4^{2+}$、$Cu(S_2O_3)_2^{3-}$ 的稳定范围，扩大固体铜化合物的范围。同时一种属于 $(NH_4)_5Cu(S_2O_3)_3$ 的固体沉积物降低了 $Cu(NH_3)_4^{2+}$ 氧化剂的活性，并覆盖于矿物表面，阻碍矿物与硫代硫酸盐的反应。

氨在硫代硫酸盐浸金的过程起着重要的作用，对于 Ag₂S 在硫代硫酸盐溶液中的溶解，氨是否还如此重要呢？试验考查了在固定 $[Cu^{2+}]/[S_2O_3^{2-}] = 0.4$ 情况下，氨浓度在 0.1~2.5mol/L 范围内 Ag₂S 的溶解情况，结果见图 8-8。

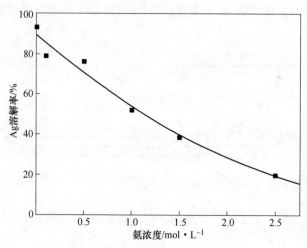

图 8-8　氨浓度对硫化银溶解率的影响

($[Cu^{2+}]/[S_2O_3^{2-}]=0.4$，$[S_2O_3^{2-}]=0.12mol/L$，298K，250r/min，pH=9)

　　氨在硫代硫酸盐浸金过程中的作用是双重的：一方面稳定 Cu(Ⅱ) 离子，与其络合形成 Cu(NH$_3$)$_4^{2+}$，作为金浸出的氧化剂；另一方面，氨增加了溶液的 pH 值，并形成缓冲溶液[208,209,106]。本试验添加的是硫酸铵，为使 NH$_4^+$ 离子转化为 NH$_3$，并与 Cu 形成稳定的 Cu(NH$_3$)$_4^{2+}$ 络离子，将溶液 pH 值调至 9 左右。由图 8-8 可知，加入铵后，硫化银的溶解率不仅没有提高，反而显著下降。当溶液中 [NH$_4^+$] 为 0.1mol/L，硫化银的溶解率下降 15% 至 79.12%；随着铵浓度的增加，溶解率继续下降，当 [NH$_4^+$]=2.5mol/L，银的溶解率只有 20%。Briones[211]通过实际矿物试验发现，氨和硫代硫酸盐的比例影响银的浸出速率，较低的比例更适合硫化银的浸出和提取，与本试验的结果一致。这是由于 Ag$_2$S 在 Cu-S$_2$O$_3^{2-}$-H$_2$O 体系中的浸出并不是 Cu(NH$_3$)$_4^{2+}$ 络离子氧化的结果，而是 Cu(Ⅰ) 离子或其络离子与 Ag$_2$S 反应的结果，铵的加入，Cu(NH$_3$)$_4^{2+}$ 络离子的形成降低了溶液中 Cu(Ⅰ) 的浓度，从而导致 Ag$_2$S 溶解率下降。可见，与金的浸出不同，对于 Ag$_2$S 的溶解，氨水（或铵盐）在一定程度上抑制了硫化银的溶解，这种抑制作用随着氨浓度的增加而有所加强。

8.2.7　粒度对溶解率的影响

　　矿石粒度是影响矿物浸出率和浸出速率的重要因素。首先，目的矿物的表面需要暴露出来，使矿物与浸出液充分接触，进而发生反应。通常来讲，较细的矿粒更有利于浸出。这是因为矿粒越细，其比表面积越大，矿物与反应药剂的接触面就越大，越有利于浸出率和浸出速率的提高。而且，与浮选不同，细粒矿石在浸出的过程中不会损失。但是，较细的矿石粒度会在磨矿中消耗更多的能量和钢材，且会使固液分离变得困难，从而增加湿法冶金的成本。因此，确定最佳的矿石粒度对于降低综合回收成本，提高经济效益具有十分重要的作用。最佳的矿石粒度根据矿石中目的矿物嵌布粒度的不同而不同，王政德[221]用氨性硫代硫酸盐法对某含金原生矿进行浸出研究，当矿粒-74μm含量为65%~80%，浸出率较佳。本书研究了不同粒级 Ag_2S 的溶解率，结果见图8-9。

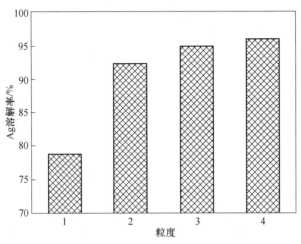

图8-9　粒度对硫化银溶解率的影响

1—45~76μm；2—38~45μm；3—25~38μm；4—<25μm

（[Cu^{2+}]/[$S_2O_3^{2-}$]=0.4，[$S_2O_3^{2-}$]=0.12mol/L，298K，250r/min，pH=6.6，3h）

　　由图8-9可以看出，Ag_2S 的粒度对溶解率有着显著的影响。当 Ag_2S 的粒度在45~76μm范围内，反应时间3h，溶解率为78.74%。随着固体颗粒粒度变小，溶解率随之升高，当 Ag_2S 的粒度在38~45μm范围内，反应3h，溶解率超过90%，粒度在25~38μm范围时，95%的 Ag_2S 溶解于溶液中。粒度小于25μm，Ag_2S 的溶解率为96%。可见，Ag_2S 的粒度对于其在 Cu-$S_2O_3^{2-}$-H_2O 溶液中的溶解具有显著影响，当 Ag_2S 的颗粒较粗时，反应速率较低，为了得到满意的溶解率需要较长的反应时间；随着 Ag_2S 颗粒粒度的减小，其反应速率增加，在较短的时间内，即可达到较高的溶解率。

8.2.8　温度对溶解率的影响

　　已有很多学者对于硫代硫酸盐法浸金过程中温度对浸出的影响进行了研究。一些研究者[49,53,216,221]报道，40~60℃浸出时可提高金和银的浸出率，相反地，另一些研究者指出，高温使金的浸出率降低20%。金的回收率下降，可能是高温时 Eh-pH 浸出条件不稳定，使溶液中氨损失，从而降低金的浸出度，添加亚硫酸盐可克服这个问题，另一方面高温可能引起硫化铜的产生[217,218,221]：

$$Cu^{2+} + S_2O_3^{2-} + H_2O \Longrightarrow CuS + SO_4^{2-} + 2H^+ \qquad (8-13)$$

本书研究了不同温度下，Ag_2S 在 Cu-$S_2O_3^{2-}$-H_2O 溶液中的溶解，试验结果见图 8-10。

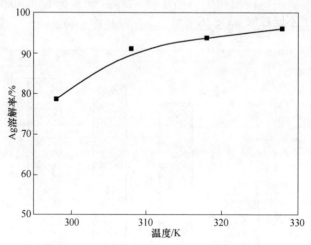

图 8-10　温度对硫化银溶解率的影响

（$[Cu^{2+}]/[S_2O_3^{2-}] = 0.4$，$[S_2O_3^{2-}] = 0.12mol/L$，$45 \sim 76\mu m$，250r/min，pH = 6.6，3h）

由图 8-10 可以看出，在不同的温度下，Cu-$S_2O_3^{2-}$-H_2O 溶液中，Ag_2S 的溶解率有所不同。当体系温度为 298K，反应 3h，Ag_2S 的溶解率为 78.74%；随着温度的升高，Ag_2S 的溶解率也有所增加；308K 温度下，反应 3h，超过 90% 的 Ag_2S 溶解于溶液中；当温度升至 328K，Ag_2S 的溶解率达到最大，为 96.20%。高温可以促进分子的热运动，在一定程度上加速溶液的传质、扩散，更重要的是，对于受界面化学反应控制的反应，升高温度可以显著提高反应速率。Ag_2S 在 Cu-$S_2O_3^{2-}$-H_2O 体系中的溶解速率受温度影响显著，其反应可能在一定程度上受界面化学反应控制。

8.2.9　时间对溶解率的影响

反应速度快是硫代硫酸盐法浸出金银的一大优点，通常 4~6h 后，金的浸出率就可以达到最大值。由于矿石性质的差异，浸出时间也有所不同。Ag_2S 溶解率随时间的变化结果见图 8-11。

Ag_2S 在 Cu-$S_2O_3^{2-}$-H_2O 体系中的溶解分为两个阶段：在最初的 30min 内，Ag_2S 的溶解是非常快的，温度 298K，粒径在 45~76μm 范围的 Ag_2S 颗粒反应 30min，其溶解率就超过 50%；随着时间的延长，Ag_2S 的溶解进入第二阶段，此时反应速率明显下降，溶解率的增长趋势变得平缓，这与金在 Cu-NH_3-$S_2O_3^{2-}$ 体系中浸出规律相似。某含铜硫化金精矿在铜-硫代硫酸铵-硫酸铵溶液中的浸出

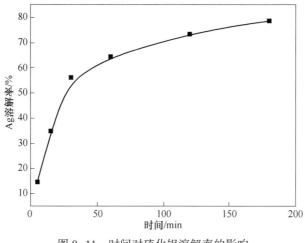

图 8-11　时间对硫化银溶解率的影响

$([Cu^{2+}]/[S_2O_3^{2-}] = 0.4,[S_2O_3^{2-}] = 0.12mol/L,45\sim76\mu m,250r/min,pH = 6.6,298K)$

过程中，金的浸出也分为两个阶段：最初 5min 快速溶解，而后浸出速度显著降低，1.5~2h 后金停止溶解，这可能是由金的表面钝化引起的。Abbruzzese 也在试验中发现[49]，金的浸出速度在最初 1h 内增加很快，随着时间的延长，回收率逐渐提高。本试验中，由于 Ag_2S 粒度较粗，其比表面积相对较小，反应 3h，Ag_2S 的溶解率不到 80%，但从图 8-11 可以看出，Ag_2S 有继续溶解的趋势，若延长反应时间，溶解率会继续增加。

8.2.10　工艺条件的优化

Ag_2S 在 $Cu-S_2O_3^{2-}-H_2O$ 体系中的溶解结果表明：$[S_2O_3^{2-}] = 0.12mol/L$，$[Cu^{2+}]/[S_2O_3^{2-}] = 0.4$ 的溶液可以有效地溶解 Ag_2S；提高 Ag_2S 细度和反应温度可以提高 Ag_2S 的溶解率，但会增加磨矿的成本和设备的投入，不利于工业化生产，因此，可采用室温下延长反应时间的措施提高 Ag_2S 的溶解率。研究证实，Ag_2S 在 $[S_2O_3^{2-}] = 0.12mol/L$、$[Cu^{2+}]/[S_2O_3^{2-}] = 0.4$ 的溶液中，反应温度 298K，搅拌速度 250r/min 的条件下，反应 4h，Ag_2S 的最大溶解率可达 96.50%。

8.3　贵液中银的回收

贵液中银的回收与银的浸出同等重要，是与之平行发展起来的操作单元，是银提取过程中的重要环节。当今，从硫代硫酸盐溶液中回收银的主要技术有：置换沉淀技术、树脂吸附技术、溶剂萃取技术等。

本书进行了用锌粉从贵液中回收银的研究。与锌粉从氰化物溶液中回收贵金属不同，用锌粉从硫代硫酸盐溶液中置换银，不需要排出溶液中的溶解氧，在浸出贵液中直接加入锌粉，置换反应就可顺利进行。

8.3.1 锌粉用量对置换率的影响

首先考察了锌粉用量对置换率的影响，在 40mL 贵液中加入一定量的锌粉，在 298K 条件下，置换 10min，结果见表 8-2。

表 8-2 锌粉用量对置换率的影响

锌粉用量/g	Zn：Ag	贫液中 [Ag]/mg·L^{-1}	回收率/%
0.02	1	578.4	22.80
0.04	2	318.0	57.55
0.06	3	162.4	78.32
0.08	4	31.9	95.74
0.10	5	12.3	98.36

注：贵液中 [Ag]=749.2mg/L，40mL，反应 10min。

由表 8-2 可以知道，锌粉用量由 Zn：Ag=1：1 增加到 5：1（摩尔比），银的置换率随之提高，当 Zn：Ag=4：1 时，反应 10min，银的回收率为 95.74%；当 Zn：Ag=5：1，贵液中的银几乎完全回收，回收率高达 98.36%。

8.3.2 时间对置换率的影响

由锌粉用量试验知道，当 Zn：Ag=5：1，贵液中的银几乎被完全回收，但是锌粉用量较高。为了进一步减少锌粉用量，考查了 Zn：Ag=4：1 时，不同反应时间下银的置换情况，结果见表 8-3。

表 8-3 时间对置换率的影响

置换时间/min	5	10	15
贫液 [Ag]/mg·L^{-1}	293.46	31.9	5.17
回收率/%	60.83	95.74	99.31

注：贵液中 [Ag]=749.2mg/L，40mL，锌粉 0.08g。

研究表明，银的回收率随着置换时间的延长而提高，当 Zn：Ag=4：1 时，置换 5min、10min 和 15min，银的回收率分别为 60.83%、95.74% 和 99.31%。可见，时间也是影响回收率的重要因素，延长置换时间至 15min，贵液中的银就可以完全被置换出来。

8.4 本章小结

（1）Cu-$S_2O_3^{2-}$-H_2O 溶液可以将 Ag_2S 有效溶解，$[Cu^{2+}]/[S_2O_3^{2-}]$ 的比例对 Ag_2S 的溶解具有最显著的影响。没有铜离子的存在，Ag_2S 不能溶解在硫代硫酸盐溶液中；随着 $[Cu^{2+}]/[S_2O_3^{2-}]$ 比例的增加，Ag_2S 溶解率提高；但是，过高的 $[Cu^{2+}]/[S_2O_3^{2-}]$ 比例（>0.5）会导致铜的沉淀，因此，选择 $[Cu^{2+}]/[S_2O_3^{2-}]=0.4$ 比较合适。

（2）保持 $[Cu^{2+}]/[S_2O_3^{2-}]=0.4$，$Ag_2S$ 的溶解率随硫代硫酸根浓度的增加先升高而后下降，当 $[S_2O_3^{2-}]=0.12\sim0.14mol/L$ 之间溶解率达到最大。

（3）$Cu-S_2O_3^{2-}-H_2O$ 溶液中，Ag_2S 的溶解无需氧气的参与，在氮气气氛下，Ag_2S 的溶解规律与充氧条件下的完全一致，溶解率基本相同。

（4）pH 值对 Ag_2S 在 $Cu-S_2O_3^{2-}-H_2O$ 溶液中的溶解无显著影响，无论是酸性、中性还是碱性条件下，Ag_2S 均可以被有效溶解，在 pH=2.6~10.6 的范围内，其溶解率均在 95% 左右。

（5）铵对 Ag_2S 在 $Cu-S_2O_3^{2-}-H_2O$ 溶液中的溶解不利，溶液中加入铵后，银的溶解率不仅没有提高，反而下降，且溶液中铵的浓度越高，Ag_2S 的溶解率越低。

（6）随 Ag_2S 粒度的变细、反应温度的升高、反应时间的延长，其溶解率均有所提高。提高搅拌的速度至 250~300r/min，Ag_2S 的溶解率达到最高，继续提高搅拌速度，溶解率下降。

（7）经工艺条件优化，Ag_2S 在 $[S_2O_3^{2-}]=0.12mol/L$、$[Cu^{2+}]/[S_2O_3^{2-}]=0.4$ 的溶液中，反应温度 298K，搅拌速度 250r/min 的条件下，反应时间 4h，Ag_2S 的最大溶解率可达 96.50%。

（8）锌粉可以有效回收贵液中的银，当锌粉用量与贵液中银含量的比例为 Zn：Ag=4：1 时，反应 15min，贵液中的银被完全回收，置换率高达 99.31%，银的总回收率为 95.83%。

9　无氨硫代硫酸盐法浸出硫化银的动力学

对湿法冶金过程而言，重要的不仅是过程进行的方向和产物的最大可能产量，从生产实践的角度来看，过程进行的快慢显得更为重要，因为只有进行得足够快的那些过程才具有实用价值。对于硫代硫酸盐体系中硫化银浸出行为的研究非常少，尤其是对硫化银浸出动力学行为的研究更是鲜见报道。为此，一个很重要的任务就是研究 Ag_2S 在 $Cu-S_2O_3^{2-}-H_2O$ 体系中浸出的动力学行为。

9.1　动力学理论模型

在大多数情况下，浸出过程属于液-固相反应，一般有 3 种情况。第一种情况是生成产物可溶于水，固体颗粒的外形尺寸随反应的进行逐渐减小直至完全消失；第二种情况是生成产物为固态并附着在未反应核上，此类反应可以用"未反应收缩核模型"描述；第三种情况是固态反应物分散嵌布在惰性脉石基体中，由于脉石基体一般都有孔隙和裂纹，因而液相反应物可以通过这些孔隙和裂缝扩散到矿石内部，致使浸出反应在矿石内部和表面同时发生[223,224]。

9.1.1　反应速率模型

Ag_2S 在 $Cu-S_2O_3^{2-}-H_2O$ 体系反应过程中不仅有可溶性物质的溶解，还有固态 Cu_2S 的产生，并附着在未反应核上。这类反应的通式可以表达为：

$$aA(aq) + bB(s) \Longrightarrow cC(aq) + dD(s) \tag{9-1}$$

有固态产物反应的总过程由以下几个步骤组成[224]：

(1) 液态反应物 A 和产物 C 通过液体边界层的外扩散过程；
(2) 液态反应物 A 和产物 C 通过固态产物层的内扩散过程；
(3) 界面化学反应。

这些步骤可以看成是一个串联过程，当反应过程处于稳态时，其中每一步骤的反应速率应该相等，从而可以导出反应的综合速率表达式：

$$-\frac{dn_A}{dt} = \frac{4\pi r_0^2 D_1}{\delta + \dfrac{r_0(r_0 - r)D_1}{rD_s} + \dfrac{D_1 r_0^2}{k_r r^2}} C_A \tag{9-2}$$

式中　n_A——体系中反应物 A 的摩尔数，mol；

δ——液体边界层厚度，cm；

k_r——界面化学反应速率常数；

r_0，r——分别为 Ag_2S 颗粒的初始半径和未反应核的半径，cm；

D_1，D_s——分别为液体反应物 A 通过液体边界层和固体产物层的有效扩散系数，cm^2/s；

C_A——分别为液态反应物 A 在溶液主体的摩尔浓度，mol/L。

由于 $-\dfrac{1}{a}\times\dfrac{dn_A}{dt}=-\dfrac{1}{b}\times\dfrac{dn_B}{dt}$，故上式可以改写为：

$$-\frac{dn_B}{dt}=\frac{b}{a}\times\frac{4\pi r_0^2 D_1 C_A}{\delta+\dfrac{r_0(r_0-r)D_1}{rD_s}+\dfrac{D_1 r_0^2}{k_r r^2}} \tag{9-3}$$

固体反应物颗粒初始半径 r_0、未反应核半径 r 与固体反应物转化率之间的关系为：

$$\frac{r}{r_0}=(1-x)^{\frac{1}{3}} \tag{9-4}$$

将式（9-4）代入式（9-3）得：

$$\frac{dx}{dt}=\frac{b}{a\rho_B}\times\frac{3C_A}{\dfrac{\delta r_0}{D_1}+\dfrac{r_0^2}{D_s}\times\dfrac{1-(1-x)^{\frac{1}{3}}}{(1-x)^{\frac{1}{3}}}+\dfrac{r_0}{k_r(1-x)^{\frac{2}{3}}}} \tag{9-5}$$

在液态反应物 A 的浓度保持恒定的条件下，即 $C_A \equiv C_{A0}$，积分上式得到：

$$\frac{\delta}{3D_1}x+\frac{r_0}{2D_s}\left[1-\frac{2}{3}x-(1-x)^{\frac{2}{3}}\right]+\frac{1}{k_r}J\left[1-(1-x)^{\frac{1}{3}}\right]=\frac{bC_{A0}}{a\rho_B r_0}t \tag{9-6}$$

式中　ρ_B——固体反应物的密度，g/cm^3；

x——固体浸出率；

δ——液体边界层厚度，cm；

k_r——界面化学反应速率常数；

r_0——Ag_2S 颗粒的初始半径，cm；

a，b——分别为液态反应物和固态反应物的计量系数；

D_1，D_s——分别为液体反应物 A 通过液体边界层和固体产物层的有效扩散系数，cm^2/s；

C_{A0}——液态反应物 A 在溶液主体的初始摩尔浓度，mol/L。

方程式（9-6）即为浸出过程受边界扩散、固态产物层扩散和界面化学反应混合控制时的速率方程。在实际浸出过程中，反应的速率可能只受其中的某一步骤控制，因此可以对速率方程式（9-6）进行简化，分别讨论如下：

（1）当 $\dfrac{\delta}{3D_1} \gg \dfrac{r_0}{2D_s}$ 和 $\dfrac{\delta}{3D_1} \gg \dfrac{1}{k_r}$ 时，总的浸出速率受液体边界层的扩散控制，此时方程式（9-6）左边的第二项和第三项可以忽略不计，故速率方程可以简化为：

$$x = \frac{3bD_1 C_{A0}}{a\delta\rho_B r_0}t \qquad\qquad (9-7)$$

受液体边界层扩散控制的浸出反应速率方程为：

$$x = kt \qquad\qquad (9-8)$$

在液体边界层扩散控制的条件下，由于液体边界层厚度 δ 与液体的流体状态有关，故反应速率受搅拌强度的影响较为显著，浸出速率与反应物浓度成正比，浸出速率受温度的影响较小。

（2）当 $\dfrac{r_0}{2D_s} \gg \dfrac{\delta}{3D_1}$ 和 $\dfrac{r_0}{2D_s} \gg \dfrac{1}{k_r}$ 时，总的浸出速率决定于固态产物层的扩散速率，此时方程式（9-6）可以简化为：

$$1 - \frac{2}{3}x - (1-x)^{\frac{2}{3}} = \frac{2bC_{A0}}{a\rho_B r_0^2}t \qquad\qquad (9-9)$$

受内扩散控制的浸出反应速率方程为：

$$1 - \frac{2}{3}x - (1-x)^{\frac{2}{3}} = kt \qquad\qquad (9-10)$$

在内扩散控制的条件下，浸出速率与搅拌强度没有明显的关系，浸出速率与反应物浓度成正比，温度对浸出速率的影响较小。

（3）当 $\dfrac{1}{k_r} \gg \dfrac{\delta}{3D_1}$ 和 $\dfrac{1}{k_r} \gg \dfrac{r_0}{2D_s}$ 时，总的浸出速率受界面化学反应控制，此时方程式（9-6）可以简化为：

$$1 - (1-x)^{\frac{1}{3}} = \frac{bk_r C_{A0}}{a\rho_B r_0}t \qquad\qquad (9-11)$$

受界面化学反应控制的浸出反应速率方程为：

$$1 - (1-x)^{\frac{1}{3}} = kt \qquad\qquad (9-12)$$

在界面化学反应控制的条件下，浸出速率与搅拌强度无关，浸出速率受温度的影响较大。

以上的动力学方程适合恒浓度、恒温度、单粒级颗粒体系固液反应速率控制类型的判断。

9.1.2　活化能的计算

在任何的反应中，并不是所有的分子都能参加反应，而是具有一定能量的活化分子才能参加反应。活化分子的能量与所有分子平均能量的差叫做活化能。

温度是影响反应速率的重要因素，阿累尼乌斯方程表达了恒浓度基元反应的速率与反应温度的关系：

$$\frac{\mathrm{d}\ln k}{\mathrm{d}T} = \frac{E_a}{RT^2} \tag{9-13}$$

式中　E_a——反应活化能，J/mol。

对上式积分后可以写为：

$$k = Ae^{\frac{-E_a}{RT}} \tag{9-14}$$

式中　A——指前因子；

　　　R——摩尔气体常数。

对上式两边取对数得：

$$\ln k = \ln A - \frac{E_a}{RT} \tag{9-15}$$

以$-\ln k$对$\frac{1}{T}$作图可得到一条直线，由此直线的斜率可得到反应活化能E_a。

可以看出，速率常数k与温度T成指数关系，温度对反应速率的影响要比浓度大得多，而温度影响的大小又取决于活化能的大小，所以求解反应的活化能是反应动力学研究的重要内容。

活化能不仅体现了反应的难易程度，同时也是判断反应控制步骤的重要因素。当浸出速率受外扩散控制时，反应的表观活化能一般为 $8 \sim 10$kJ/mol；浸出速率受内扩散控制时，反应的表观活化能一般为 $8 \sim 20$kJ/mol；浸出速率受界面化学反应控制时，反应的表观活化能一般可以达到 $40 \sim 300$kJ/mol。

9.2　原料、装置和方法

硫化银在含铜硫代硫酸盐溶液中反应的动力学研究仍采用纯 Ag_2S，其他实验药剂均为分析纯，水为二次去离子水。反应在玻璃容器中进行，容器盖上有两孔，分别用于机械搅拌和间隔取样。反应过程中容器置于恒温水浴，以维持反应体系温度恒定。反应装置见图 9-1。

每次量取一定量的二次去离子水倒入反应容器中，开始加热并搅拌，待温度恒定后，向水中依次加入五水硫酸铜和五水硫代硫酸钠固体，完全溶解后加入 Ag_2S，并开始计时。反应一定的时间后取样，化验溶液中银离子的浓度，计算溶解率。

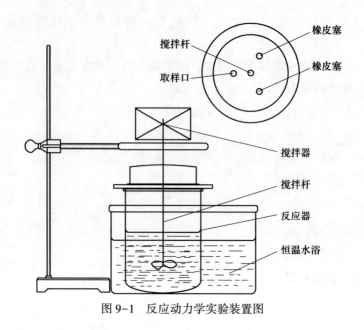

图 9-1　反应动力学实验装置图

9.3　结果与讨论

9.3.1　粒度对反应速率的影响

固-液反应体系的反应速率与固体颗粒的表面积成正比：

$$v = kS\frac{D}{\delta}(C - C_i) \tag{9-16}$$

因而提高 Ag_2S 颗粒的细度，降低颗粒的直径，显然有利于提高反应的速率。但是，在实际生产中，如果颗粒太细，会增加磨矿的能耗，使生产成本大大提高。为了在较低成本下获得较高的反应速率，对不同粒级的 Ag_2S 颗粒进行动力学研究，以了解 Ag_2S 粒度对其溶解速率的影响，试验结果见图 9-2。

由图 9-2 可以看出，当 Ag_2S 的粒度在 45~76μm 范围内，反应 5min，有 15%左右的银溶解于溶液中，随着时间的延长，溶解率随之提高，180min 后其溶解率为 78.74%。Ag_2S 的粒度越细，其初始阶段的溶解率和溶解速率就越高。当 Ag_2S 的粒度在 25~38μm 范围内，反应 5min，Ag_2S 的溶解率就达到 56.33%，超过一半的 Ag_2S 被溶液溶解，随着时间的增长，溶解率进一步提高，120min 时达到最高值，溶解率为 93.09%，但反应速率变得缓慢。可见，Ag_2S 的粒度对于其在 $Cu-S_2O_3^{2-}-H_2O$ 溶液中的溶解具有显著影响，当 Ag_2S 颗粒的粒径较粗时，反应速率较低，为了得到满意的溶解率需要较长的时间；随着 Ag_2S 颗粒粒径的减小，其反应速率增加，在较短的时间内，就可以达到较高的溶解率。

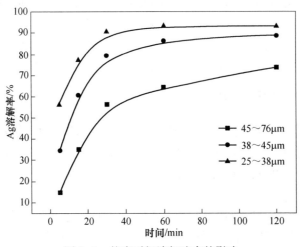

图 9-2 粒度对银溶解速率的影响

$([S_2O_3^{2-}]=0.12mol/L,\ [Cu^{2+}]/[S_2O_3^{2-}]=0.4,\ 298K,\ 250r/min,\ pH=6.6,\ 3h)$

9.3.2 温度对反应速率的影响

提高反应的温度不仅可以加速反应本身的进行，同时也可以加强溶液中离子和分子的热运动，使其传质扩散更为迅速。鉴于温度对反应速率的影响，对不同温度下 Ag_2S 的溶解动力学进行研究，结果见图 9-3。

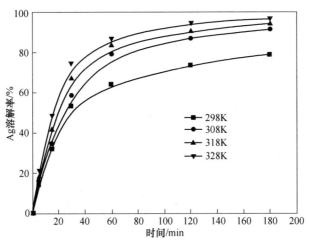

图 9-3 温度对银溶解速率的影响

$([S_2O_3^{2-}]=0.12mol/L,\ [Cu^{2+}]/[S_2O_3^{2-}]=0.4,\ 45\sim76\mu m,\ 250r/min,\ pH=6.6,\ 3h)$

从图 9-3 中可以看到，Ag_2S 在 $Cu-S_2O_3^{2-}-H_2O$ 体系中的溶解可以分为两个阶段。反应从开始到 30min 为反应的第一阶段，在这一阶段，Ag_2S 的溶解率迅速增加；随后为反应的第二阶段，Ag_2S 的溶解率增加缓慢。在反应的第一阶段，温度对反应速率有一定影响，温度每上升 10K，溶解率提高 5% ~ 8%；在反应的第二阶段，60min 时，温度从 298K 升至 305K，溶解率由 64% 增加到 79.42%，继续升高温度，溶解率也有小幅度的增加。

9.3.3　反应动力学模型的选择

根据 Ag_2S 在 $Cu-S_2O_3^{2-}-H_2O$ 体系中反应动力学曲线的变化趋势，可以看出 Ag_2S 的溶解过程在一定程度上受到固态膜的影响，但反应并没有马上停止，而是缓慢地进行着。可见，该固态膜具有一定的可渗透性，但其可渗透程度还需进一步研究。

由前面动力学模型的讨论可知，由于反应和扩散速度的不同而导致反应控制步骤不同。根据扩散阻力以及化学反应的阻力大小，可将控制步骤分为三种类型：内扩散控制、化学反应控制和外扩散控制。

为了确定 Ag_2S 在 $Cu-S_2O_3^{2-}-H_2O$ 体系中溶解过程的控制步骤，用生成固态产物的动力学方程式（9-8）、式（9-10）和式（9-12）对 298K 下，粒径为 45 ~ 76μm Ag_2S 颗粒的溶解过程进行数学处理，结果见图 9-4。

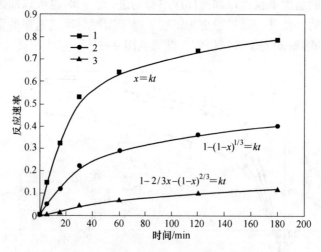

图 9-4　反应速率与反应时间的关系图

$([Cu^{2+}]/[S_2O_3^{2-}]=0.4，[S_2O_3^{2-}]=0.12mol/L，45~76μm，250r/min，298K，3h)$

由图 9-4 可知，反应初期 Ag_2S 的溶解速率受化学反应控制或混合控制（线 2），反应速率函数符合方程式（9-12）：

$$1-(1-x)^{\frac{1}{3}}=kt$$

反应后期，反应速率函数符合方程式（9-10）：

$$1 - \frac{2}{3}x - (1 - x)^{\frac{2}{3}} = kt$$

溶解速率受内扩散控制（线3）；反应中期处于过渡阶段，过程则由两者共同控制。

将 Ag_2S 颗粒的溶解过程分为前后两个阶段，分别对其进行数学处理发现，不同温度下，Ag_2S 的溶解过程均符合以上规律。反应速率和时间的关系见图9-5和图9-6。

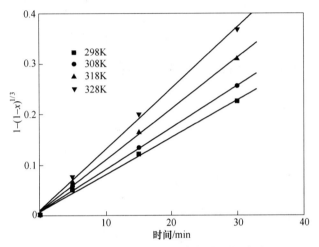

图9-5 反应前期反应速率与时间的关系

（298K：$y = 0.0077x$；308K：$y = 0.0086x$；318K：$y = 0.0105x$；328K：$y = 0.0125x$）

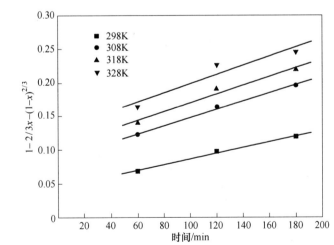

图9-6 反应后期反应速率与时间的关系

（298K：$y = 0.0012x + 0.5776$；308K：$y = 0.001x + 0.74$；

318K：$y = 0.0009x + 0.7846$；328K：$y = 0.0008x + 0.835$）

由图 9-5 和图 9-6 可知，反应的前期和后期，溶解率分别用反应速率方程式（9-12）和式（9-10）处理后与时间呈线性关系，其直线斜率分别为表观速率常数 $k_{混}$ 和 $k_{扩}$。以不同温度下反应 $k_{混}$ 和 $k_{扩}$ 的对数值 $\ln k$ 和 $\ln k'$ 对温度的倒数 $1/T$ 作图，得到 Arrhenius 线，如图 9-7 和图 9-8 所示。

根据图 9-7 和图 9-8，可建立 $Cu-S_2O_3^{2-}-H_2O$ 体系中温度对 Ag_2S 溶解率影响的动力学方程：

$$\ln k_{混} = -0.5125 + 1.6108 \times 10^3 \frac{1}{T}$$

$$\ln k_{内} = 0.3753 + 2.1989 \times 10^3 \frac{1}{T}$$

图 9-7 和图 9-8 中直线截距分别代表混合控制阶段和内扩散控制阶段的反应速率常数 $k_{混}$、$k_{扩}$。

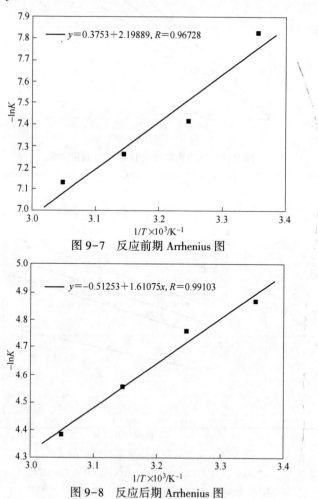

图 9-7　反应前期 Arrhenius 图

图 9-8　反应后期 Arrhenius 图

由图 9-7 和图 9-8 中的直线斜率可分别求得 Ag_2S 溶解过程的混合控制活化能：

$$E_{混} = 1.6108 \times 10^3 \times 8.314 = 13.39 kJ/mol$$

内扩散活化能：

$$E_{扩} = 2.1989 \times 10^3 \times 8.314 = 18.28 kJ/mol$$

活化能越小，反应速度越快，活化能越大，反应速度越慢。反应第一阶段的活化能为 13.39kJ/mol，这较单纯的化学反应控制的活化能低，较扩散控制的活化能高。可见在反应的这个阶段，并非完全的化学反应控制，而是由化学反应和溶液扩散混合控制。因此，在这一阶段温度和搅拌速度都对溶解率有一定影响。反应的第二阶段，活化能为 18.28kJ/mol，在内扩散控制的范围，这是由于反应的固体产物包裹在未反应核的表面。

9.4 本章小结

通过对硫化银在 $Cu-S_2O_3^{2-}-H_2O$ 体系中溶解的动力学研究得到以下结论：

（1） $Cu-S_2O_3^{2-}-H_2O$ 体系中 Ag_2S 的溶解分为两个阶段，由反应开始到 30min 为反应的第一阶段，这一阶段为界面化学反应和溶液扩散混合控制，反应速率函数符合方程 $1-(1-x)^{\frac{1}{3}}=kt$，活化能为 13.39kJ/mol。

（2）反应超过 30min 后，反应进入第二阶段，这一阶段受内扩散控制，反应速率函数符合方程 $1-\frac{2}{3}x-(1-x)^{\frac{2}{3}}=kt$，活化能为 18.28kJ/mol。

10　硫代硫酸盐溶液的电化学行为

水溶液中硫代硫酸盐的氧化行为十分复杂，这是由于硫价态变化的复杂性和中间产物检测的困难性，至今硫代硫酸盐氧化过程的动力学机制尚未清晰[225,226]。近年来，许多学者利用电化学手段和仪器分析技术来研究硫代硫酸盐的氧化行为取得了初步进展[225~232]。

10.1　实验装置和方法

10.1.1　电化学测试系统

电化学测试采用三电极体系，研究电极为纯度为99.99%的铂盘电极，每次试验前用金相试样抛光机对其进行抛光，以除去表面附着物，并用蒸馏水冲洗干净；辅助电极为铂丝电极，每次试验前经酸洗、水洗；以氯化银电极作为参比电极。所用仪器为上海华辰的CHI660C型电化学工作站，数据由随机附带专业软件处理。实验装置见图10-1。

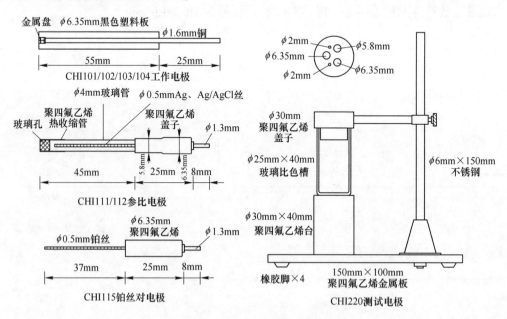

图10-1　电化学测量装置图

10.1.2 电化学研究方法

现代电化学测试技术方法的完善和电子技术的发展，为电化学研究提供了强有力的手段和各种测试技术。在电化学研究中，必须把所研究的过程突出出来，使它成为整个电极过程的决定性步骤，这样测得的整个过程的性质才是所要研究的那个基本过程或步骤的特性。本试验采用循环伏安法对硫代硫酸盐溶液的电化学行为进行了研究。

10.2 电化学理论基础

10.2.1 双电层结构

双电层是在固液相界面上形成的电荷层，研究双电层模型并探讨其结构对化学反应的影响，对阐明反应机理具有重要意义[223,233~235]。有关双电层的结构，先后提出了多种模型，如最早亥姆霍兹（Helmohotz）提出的"平板电容器模型"，古依和查普曼在1913年提出的"分散双电层模型"，斯特恩1924年提出的GCS模型，20世纪60年代末提出的BDM（Bokris-Davanathan-Miller）模型，综合各种模型，可以对电解质溶液中电极/溶液界面的特点归纳如下：

（1）电极/溶液界面双电层由紧密层和分散层两部分组成。

（2）紧密层是带有剩余电荷的固液两相间的界面层，其厚度为零点几个纳米。紧密层又可以分为两个部分，紧贴在电极表面上的第一层是定向排列的水分子层，成为亥姆霍兹平面（IHP）；紧贴着IHP的是外紧密层（外亥姆霍兹平面OHP），由静电吸引到IHP的金属水化离子（一般是阳离子）所组成。在电极表面带正电荷时，由于阴离子水化程度低，往往容易失去其水分子，突破水偶极层直接附着在电极表面上组成内紧密层，其厚度为离子的半径。

（3）在外紧密层与溶液本体之间是分散层，分散层是液相中具有剩余离子电荷及电位梯度的表面层。在稀溶液中及表面电荷密度很小时，其厚度可达到数十纳米，在浓溶液中及表面电荷密度很大时其厚度可忽略不计。分散层是由离子的热运动所引起的，其结构只与温度、电解质浓度（包括价态）及分散层中剩余电荷密度有关，而与离子的个别特性无关。

10.2.2 双电层对电极反应的影响

在电极/溶液界面处的双电层以及由此产生的电极电位的存在，对固液界面上发生的电化学反应产生很大的影响，这种影响是电极反应的基本特点。双电层中符号相反的两个电荷层之间距离很小，因而造成巨大的场强，如双电层电位差仅为1V，两个电荷层间距为10^{-8}cm时，其电场强度可达10^8V/cm。如此巨大的场强必然对电荷产生巨大的加速力，促使电子跃过相界面实现电子的转移，从而使电极过程速率发生极大的变化。

10.3 结果与讨论

10.3.1 硫代硫酸盐溶液的循环伏安曲线

$S_2O_3^{2-}$ 中的两个 S 化合价分别为+6 价和-2 价，平均化合价为+2 价，既具有氧化性也具有还原性。Feng[228]等报道了 pH=5（乙酸钠/乙酸缓冲液）时硫代硫酸盐在旋转圆盘电极上的电氧化行为，提出硫代硫酸盐经过两步阳极氧化过程氧化成硫酸盐，即 $S_2O_3^{2-}$ 首先氧化为 $S_4O_6^{2-}$，然后 $S_4O_6^{2-}$ 继续氧化形成 SO_4^{2-}。

图 10-2 为 0.12mol/L 硫代硫酸盐溶液的循环伏安曲线，扫描速度 v=0.1V/s，扫描电位区间为-0.5~1.8V。

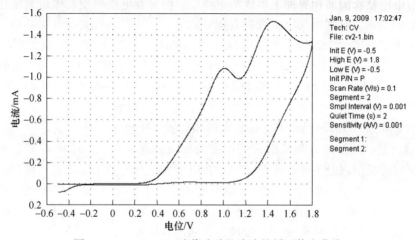

图 10-2 0.12mol/L 硫代硫酸盐溶液的循环伏安曲线

徐良芹[232]研究了 0.5mol/L $S_2O_3^{2-}$ 在乙酸钠/冰乙酸、氯化铵/氨水缓冲液中的循环伏安曲线。徐良芹认为，由于铂电极具有很好的催化活性，因此在酸性及弱碱性情况下，硫代硫酸盐的循环伏安曲线中均出现三个氧化峰，在 pH 值为 8~9 时，峰电位分别位于 0.05V，0.91V 和 1.22V。电位高于 1.0V，溶液中出现白色浑浊，Jiang 等用 FTIR 光谱证实该物质为单质硫，且在大于 1.2V(vs SCE)会发生电化学氧化生成 SO_4^{2-}。因此，徐认为反应式（10-1）形成 0.05V 附近的氧化峰，反应式（10-2）形成 0.91V 附近的氧化峰。$S_4O_6^{2-}$ 发生的歧化反应见式（10-3），其产物 $S_5O_6^{2-}$ 进一步分解形成单质硫（见式（10-4）），$S_2O_3^{2-}$ 对反应式（10-3）具有催化作用。单质硫被继续氧化成 SO_4^{2-}，形成 1.22V 的氧化峰。

$$2S_2O_3^{2-} - 2e \Longrightarrow S_4O_6^{2-} \qquad (10-1)$$

$$S_4O_6^{2-} + 10H_2O - 14e \Longrightarrow 4SO_4^{2-} + 20H^+ \tag{10-2}$$

$$2S_4O_6^{2-} \Longrightarrow S_5O_6^{2-} + S_3O_6^{2-} \tag{10-3}$$

$$S_5O_6^{2-} \Longrightarrow S_4O_6^{2-} + S \tag{10-4}$$

$$PtS_x + 8(x+1)OH^- - 6(x+1)e \Longrightarrow (x+1)SO_4^{2-} + 4(x+1)H_2O + Pt \tag{10-5}$$

$S_4O_6^{2-}/S_2O_3^{2-}$ 的标准还原电位为 0.08V，与徐的试验结果 0.05V 相近，$SO_4^{2-}/S_4O_6^{2-}$ 和 SO_4^{2-}/S 的标准还原电位分别为 0.31V、−0.75V，与徐的试验结果 0.91V、1.22V 差别较大。与徐良芹的研究不同，试验发现，在较宽的电位区间中，0.12mol/L 硫代硫酸盐的循环伏安曲线出现两个氧化峰，峰电位分别位于 1.02V 和 1.42V，这可能是 0.91V 和 1.22V 电位处氧化峰正移的结果。本试验中扫描电位至 1.8V，溶液未出现白色浑浊物，继续提高电位至 2.2V，出现白色浑浊物，阴极有气体产生。扫描至电位 4.0V，溶液仍然浑浊，生成的沉淀未溶解或未完全溶解。且电位为 0.05V 附近没有明显的氧化峰，若反应式（10-1）没有发生，则反应式（10-2）~式（10-5）都不能顺利进行。由此可以推断，峰电位分别位于 1.02V 和 1.42V 的两个氧化峰并非由反应式（10-2）和式（10-5）引起的，而是由于 $S_2O_3^{2-}$ 的直接氧化，没有经过 $S_4O_6^{2-}$ 这一中间产物。

浸出矿浆的氧化还原电位通常小于 0.5V，研究低电位下硫代硫酸盐的电化学行为更具有实际意义，因此，对硫代硫酸盐溶液在 −0.5~0.5V 范围内进行循环伏安扫描。

图 10-3 为 0.12mol/L 硫代硫酸盐溶液的循环伏安曲线，扫描速度 $v = 0.1V/s$。由图可知，在 −0.5~0.5V 的范围内，硫代硫酸根没有明显氧化峰和还原峰，

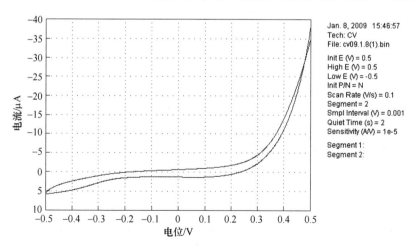

图 10-3   0.12mol/L 硫代硫酸盐溶液在 −0.5~0.5V 区间的循环伏安曲线

即没有显著的氧化还原反应发生。可见，−0.5~0.5V 的范围内，空气气氛下，硫代硫酸根是比较稳定的，既不被氧化也不被还原。

10.3.2　pH 值对硫代硫酸盐溶液循环伏安曲线的影响

硫代硫酸盐的电化学氧化行为与体系的初始 pH 值密切相关，酸性条件下，硫代硫酸盐极易发生分解；当溶液中 pH = 10，硫代硫酸盐相对稳定。因此，通常金银的浸出都在 pH 值接近或大于 10 的条件下进行。试验研究了 pH 值为 4~10 条件下硫代硫酸盐溶液的循环伏安曲线。

图 10-4 为 pH 值在 4~10 条件下，0.12mol/L 硫代硫酸盐溶液的循环伏安曲线，扫描速度 $v = 0.1$V/s。pH 值为 4 和 6 时，1.02V 附近硫代硫酸根氧化峰电位和电流峰值都很相近，随着 pH 值升高到 8，氧化峰的峰电位负移至 0.9V，峰电流也有所升高，这与徐的研究结果相似。不同的是，在这三个 pH 值条件下，更高电位都未出现氧化峰。继续升高 pH 值至 10 时，硫代硫酸盐的氧化峰电流下降，与 pH = 4 时相近，但并未像文献 [232] 描述的那样消失，电位负移至 0.85V。改变不同的 pH 值，在 0.05V 附近都没有出现氧化峰。

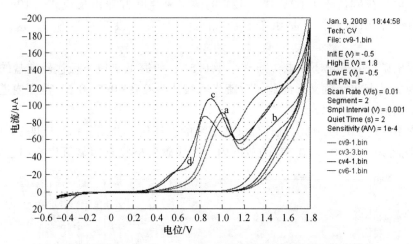

图 10-4　不同 pH 值下 0.12mol/L 硫代硫酸盐溶液的循环伏安曲线

a—pH = 4；b—pH = 6；c—pH = 8；d—pH = 10

10.3.3　铜（Ⅱ）离子对硫代硫酸盐溶液循环伏安曲线的影响

浸出液中的溶解氧具有氧化性，O_2/OH^- 的标准还原电位为 0.4V，但是仅通过空气搅拌，溶液中的溶解氧浓度不高[112]，氧化作用有限。浸出液中加入了硫酸铜，溶液中的 Cu（Ⅱ）离子同样具有氧化性，Cu^{2+}/Cu^+ 的标准还原电位为 0.15V，虽然其氧化能力较氧气低，但是浸出液中 Cu（Ⅱ）离子的溶解度远远高于氧气, 且具有较快的动力学特性, 这使得在有 Cu(Ⅱ) 离子存在的溶液中, 硫代硫酸根离子迅速发生氧化反应。

图 10-5 为 $[S_2O_3^{2-}] = 0.12mol/L$, $[Cu^{2+}] = 0.06mol/L$ 溶液的循环伏安曲线, 扫描速度 $v = 0.01V/s$。与硫代硫酸盐溶液的循环伏安图不同, 在 0.07V 和 0.29V 的位置出现明显的氧化峰, 0.15V 位置出现还原峰, 其中 0.07V 电位的氧化峰和 0.15V 的还原峰应是由 $S_2O_3^{2-}$ 和 Cu(Ⅱ) 之间的反应引起。当硫代硫酸盐溶液中含有 Cu(Ⅱ) 离子时, Cu^{2+} 很容易与 $S_2O_3^{2-}$ 发生氧化还原反应, 反应产物为 Cu^+ 和 $S_4O_6^{2-}$:

阳极反应:

$$2S_2O_3^{2-} - 2e \Longrightarrow S_4O_6^{2-} \qquad (10-6)$$

阴极反应:

$$Cu^{2+} + e \Longrightarrow Cu^+ \qquad (10-7)$$

总反应:

$$2Cu^{2+} + 2S_2O_3^{2-} \Longrightarrow 2Cu^+ + S_4O_6^{2-} \qquad (10-8)$$

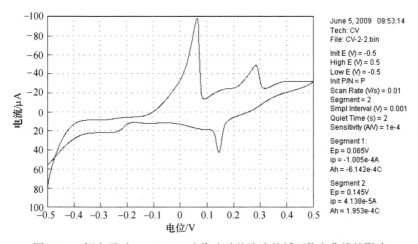

图 10-5 铜离子对 0.12mol/L 硫代硫酸盐溶液的循环伏安曲线的影响

$S_4O_6^{2-}/S_2O_3^{2-}$ 和 Cu^{2+}/Cu^+ 的标准还原电位分别为 0.08V、0.15V, 与图 10-5 中氧化峰和还原峰电位基本一致, 因此, 这两峰分别是由反应式 (10-6) 和式 (10-7) 作用的结果。由于反应式 (10-6) 的发生, 溶液中产生大量的 $S_4O_6^{2-}$, $S_4O_6^{2-}$ 进一步氧化可生成 SO_4^{2-}, $SO_4^{2-}/S_4O_6^{2-}$ 的标准氧化还原电位为 0.31V, 与图中另一个氧化峰的峰电位 0.29V 十分相近。因此, 0.29V 电位的氧化峰应是由反应式 (10-2) 引起的。

可见, 硫代硫酸盐溶液中添加 Cu(Ⅱ) 离子改变了 $S_2O_3^{2-}$ 的电化学行为, 使其在较低的电位下发生氧化, 同时 Cu(Ⅱ) 离子被还原为 Cu(Ⅰ) 离子。

10.3.4　铜（Ⅱ）离子浓度对硫代硫酸盐溶液循环伏安曲线的影响

图 10-6 为不同铜离子浓度下 0.12mol/L 硫代硫酸盐溶液的循环伏安曲线，扫描电位 -0.5~0.5V，扫描速度 v = 0.01V/s。

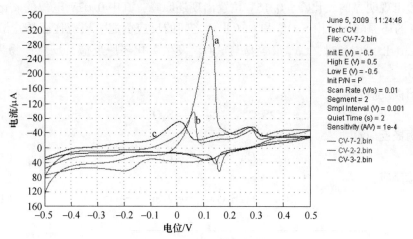

图 10-6　铜离子浓度对硫代硫酸盐溶液的循环伏安曲线的影响

a—$[Cu^{2+}]$ = 0.072mol/L；b—$[Cu^{2+}]$ = 0.06mol/L；c—$[Cu^{2+}]$ = 0.048mol/L

（$[S_2O_3^{2-}]$ = 0.12mol/L）

由图 10-6 可以看出，在 $[S_2O_3^{2-}]$ = 0.12mol/L 的溶液中，当铜离子的浓度由 0.06mol/L 增加至 0.072mol/L 时，0.07V 和 0.15V 电位的氧化峰和还原峰峰电位正移，分别出现在 0.13V 和 0.16V，且两峰峰电流增大；当铜离子的浓度降至 0.048mol/L，氧化峰峰电位负移至 0.02V，还原峰峰电位负移至 0.12V，两峰的峰电流都有所下降。0.29V 电位的氧化峰电位和峰电流都没有明显的变化。

由此可知，溶液中 Cu（Ⅱ）离子的浓度越高，被氧化的 $S_2O_3^{2-}$ 越多，被还原的 Cu(Ⅱ) 也越多，但铜离子浓度对 $S_4O_6^{2-}$ 氧化为 SO_4^{2-} 的反应影响不大。

10.3.5　pH 值对含铜硫代硫酸盐溶液循环伏安曲线的影响

对不同 pH 值下含铜硫代硫酸盐溶液进行循环伏安扫描，结果如图 10-7 所示。溶液中 $[S_2O_3^{2-}]$ = 0.12mol/L，$[Cu^{2+}]$ = 0.048mol/L，扫描电位为 -0.5~ 0.5V，扫描速度 v = 0.01V/s。溶液的 pH 值在 2~3 之间，$S_2O_3^{2-}$ 氧化为 $S_4O_6^{2-}$ 的峰电流最高，随着溶液的 pH 值升高，氧化峰峰电位负移，峰电流下降，即被氧化的硫代硫酸根数量减少；$S_4O_6^{2-}$ 氧化为 SO_4^{2-} 的峰电位随 pH 值的升高变化不大，但当 pH 值在 10~11 之间时，峰电流明显下降。可见，当溶液的 pH 值为 10~11，硫代硫酸根不易发生氧化。溶液的 pH 值在 6~7 之间，Cu（Ⅱ）离子还原为

Cu（Ⅰ）离子的峰电流最高，升高和降低 pH 值，还原峰电流下降，同时，在 -0.2V 电位处出现一小的还原峰，可能为 H⁺ 的还原。

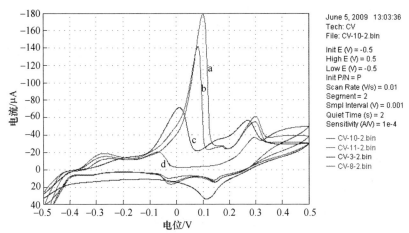

图 10-7 pH 值对含铜硫代硫酸盐溶液循环伏安曲线的影响

a—pH = 2～3；b—pH = 4～5；c—pH = 6～7；d—pH = 10～11

（$[S_2O_3^{2-}] = 0.12\text{mol/L}$，$[Cu^{2+}] = 0.048\text{mol/L}$）

10.3.6 空气对含铜硫代硫酸盐溶液循环伏安曲线的影响

试验发现，在含铜硫代硫酸盐溶液中充入氧气，同样会影响溶液中的氧化还原反应，本书对不同充氧量的含铜硫代硫酸盐溶液进行循环伏安扫描，结果见图 10-8。

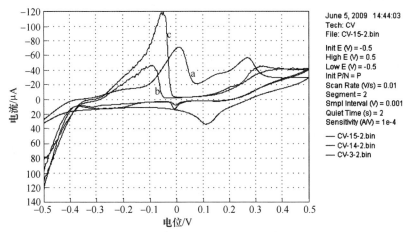

图 10-8 空气对含铜硫代硫酸盐溶液循环伏安曲线的影响

a—无氧状态；b—富氧状态；c—有氧状态

（$[S_2O_3^{2-}] = 0.12\text{mol/L}$，$[Cu^{2+}] = 0.048\text{mol/L}$）

溶液中 $[S_2O_3^{2-}] = 0.12\text{mol/L}$，$[Cu^{2+}] = 0.048\text{mol/L}$，扫描电位为 $-0.5 \sim 0.5\text{V}$，扫描速度 $v = 0.01\text{V/s}$。未通入氧气，氧化峰峰电位分别为 0.02V、0.26V，还原峰峰电位 0.12V，为图 10-5 中 0.07V、0.29V 电位氧化峰和 0.15V 电位还原峰负移的结果；当溶液中通入氧气时，还原峰电位负移，电流下降，即发生还原反应的 $Cu(II)$ 数量减少，这是因为在氧气气氛下，反应式（10-7）受到抑制。O_2/OH^- 的标准还原电位为 0.4V，氧气较 Cu^{2+} 的氧化能力更强。当通入大量氧气时，溶液中的溶解氧浓度增加，0.02V 电位的氧化峰峰电位负移，峰电流升高；当溶液中仅通入少量氧气时，溶解氧浓度不高，未能参与硫代硫酸根的氧化，但抑制了 $Cu(II)$ 对硫代硫酸根的氧化，所以氧化峰电流下降。氧气的充入降低了 0.26 电位的峰电流，减少 $S_4O_6^{2-}$ 的进一步氧化。

10.4 本章小结

本章利用循环伏安扫描对硫代硫酸盐溶液在铂电极上的电化学行为进行了研究，结果表明：

（1）$[S_2O_3^{2-}] = 0.12\text{mol/L}$ 的硫代硫酸盐溶液在 $-0.5 \sim 0.5\text{V}$ 的电位区间内是稳定的，没有明显的氧化还原反应；随着电位的升高，$S_2O_3^{2-}$ 被氧化，在 1.02V 和 1.42V 电位出现氧化峰；电位升至 2.2V，阴极有气体产生，阳极附近出现白色硫单质。pH 值对硫代硫酸盐的阳极氧化具有一定的影响，氧化峰电位随着 pH 值的升高而负移，峰电流先上升后下降。

（2）铜（II）离子可以改变硫代硫酸盐的氧化行为，在 $[S_2O_3^{2-}] = 0.12\text{mol/L}$、$[Cu^{2+}] = 0.06\text{mol/L}$ 的溶液中，0.07V 和 0.15V 电位分别出现氧化峰和还原峰，这是由于 Cu^{2+} 和 $S_2O_3^{2-}$ 之间发生了氧化还原反应，反应产物为 Cu^+ 和 $S_4O_6^{2-}$；0.29V 电位出现氧化峰，是由 $S_4O_6^{2-}$ 氧化成 SO_4^{2-} 的反应引起。

（3）提高铜（II）离子浓度，降低 pH 值和充入大量的空气会导致 0.07V 电位附近的氧化峰电流增大，$S_2O_3^{2-}$ 氧化为 $S_4O_6^{2-}$ 的反应加剧；不同 pH 值下，0.15V 电位附近的还原峰在 pH 值为 6 时峰电流最大，Cu^{2+} 还原为 Cu^+ 的反应速率最高，提高铜离子浓度峰电流增大，促进 Cu^{2+} 的还原，充入空气峰电流减小，抑制 Cu^{2+} 的还原；不同 pH 值下，0.29V 电位的氧化峰电流在 $pH = 10 \sim 11$ 时最小，实验范围内，铜离子浓度对 $S_4O_6^{2-}$ 的氧化没有显著影响，氧气会抑制 $S_4O_6^{2-}$ 的氧化。

11　无氨硫代硫酸盐浸出硫化银的反应机理

通过对纯 Ag_2S 的热力学研究、溶解工艺研究、动力学研究以及硫代硫酸盐溶液电化学行为的研究，我们对 Ag_2S 在 $Cu-S_2O_3^{2-}-H_2O$ 体系中的溶解有了一定的了解，但对其反应的机理还不十分清楚。为此，本章对其进行了专门的分析和研究。

11.1　溶液化学

11.1.1　$Ag-S_2O_3^{2-}-H_2O$ 体系溶液化学

硫代硫酸根易于与低自旋 d8 结构的 $\{Pd(Ⅱ)$，$Pt(Ⅱ)$，$Au(Ⅲ)\}$ 和 d10 结构的 $\{Cu(Ⅰ)$，$Ag(Ⅰ)$，$Au(Ⅰ)$，$Hg(Ⅱ)\}$ 金属离子形成更稳定的络合物[130]。通常，$S_2O_3^{2-}$ 作为单键配位体通过末端的硫原子与金属离子建立较强的 σ键（例如硫代硫酸根与金离子的络合）。硫代硫酸银络离子中，$S_2O_3^{2-}$ 则是通过末端硫原子连接两个银离子，结构式见图 11-1。由于银离子可以和硫代硫酸根形成稳定的络离子，使得硫代硫酸盐可以作为银矿物的浸出剂。

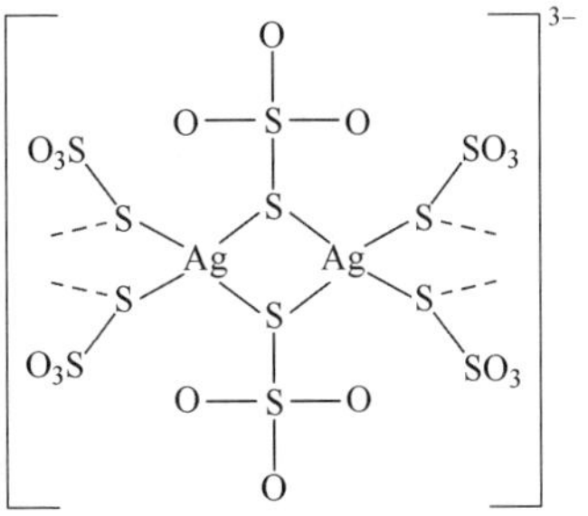

图 11-1　硫代硫酸银络离子结构图

硫代硫酸银络离子主要有 $AgS_2O_3^-$、$Ag(S_2O_3)_2^{3-}$ 和 $Ag(S_2O_3)_3^{5-}$，溶液中的 Ag^+ 和 $S_2O_3^{2-}$ 浓度的差异会导致溶液优势组分的不同。本书利用 MEDUSA 软件绘制了硫代硫酸根浓度对含有 $10\mu mol/L$ Ag 和 $10mmol/L$ Ag 溶液中优势组分影响图，分别见图 11-2a、b。

由图 11-2 可知，在 $10\mu mol/L$ Ag 的溶液中，当 $lg[S_2O_3^{2-}]>-0.7$（即

$[S_2O_3^{2-}] > 0.2\text{mol/L})$，优势组分为 $Ag(S_2O_3)_3^{5-}$；$S_2O_3^{2-}$ 浓度降低至 $lg[S_2O_3^{2-}]$ < -0.7，优势组分为 $Ag(S_2O_3)_2^{3-}$；$lg[S_2O_3^{2-}] < -4.5$（即 $[S_2O_3^{2-}] < 30\mu\text{mol/L}$），溶液中的银主要为 $AgS_2O_3^-$；$S_2O_3^{2-}$ 浓度小于 Ag 浓度，在酸性和弱碱性溶液中为 Ag^+，强碱性条件下则会有 $Ag_2O_{(固)}$ 和 $Ag(OH)_2^-$ 生成。

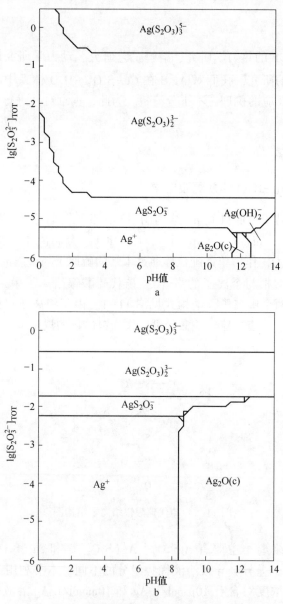

图 11-2　硫代硫酸盐浓度对含银组分分布的影响

a—10μmol/L Ag；b—10mmol/L Ag

在 10mmol/L Ag 的溶液中，$-1.7 < \lg[S_2O_3^{2-}] < -0.5$（即 $0.02 < [S_2O_3^{2-}] < 0.25mol/L$）的范围内 $Ag(S_2O_3)_2^{3-}$ 为主要成分，较图 11-2a 相比，优势区域明显缩小；$\lg[S_2O_3^{2-}] < -2.2$（$[S_2O_3^{2-}] < 0.006mol/L$），酸性条件下，溶液中的银主要以 Ag^+ 形式存在，在 pH>8.2 的情况下，$Ag_2O_{(固)}$ 成为优势组分，$Ag(OH)_2^-$ 区域消失。

在含有一定浓度 Ag^+ 的溶液中，硫代硫酸盐的浓度越高，越倾向于形成高配位数的络离子，其稳定性也越好。纯 Ag_2S 试验中，贵液中银的浓度在 7~9mmol/L 之间，其优势组分应与图 11-2b 相似。溶液中硫代硫酸根的初始浓度为 0.12mol/L，除去与 Cu(Ⅱ) 反应消耗的，贵液中硫代硫酸根的浓度小于 0.1mol/L。因此，贵液中银应以 $AgS_2O_3^-$ 和（或）$Ag(S_2O_3)_2^{3-}$ 形式为主。

11.1.2 Cu-S₂O₃²⁻-H₂O 体系溶液化学

铜在硫代硫酸盐溶液中的情况与银相似。当溶液中有 Cu^{2+} 存在时，水溶液呈现其特有的蓝色。试验中，将硫代硫酸钠固体加入到硫酸铜溶液中后，二价铜离子的特征蓝色迅速变浅，由电化学研究知道，这一过程为 Cu(Ⅱ) 离子与硫代硫酸根离子之间的氧化还原反应，反应产物为 Cu(Ⅰ) 离子。在没有配位体存在的情况下，Cu(Ⅰ) 离子难以稳定存在于水溶液中[116]。因此，Cu(Ⅰ) 离子迅速与溶液中未被氧化的 $S_2O_3^{2-}$ 形成络离子 $CuS_2O_3^-$、$Cu(S_2O_3)_2^{3-}$ 和 $Cu(S_2O_3)_3^{5-}$，其稳定常数分别为 $1.9×10^{10}$、$1.7×10^{12}$、$6.9×10^{13}$。

图 11-3 为硫代硫酸根浓度对含有 48mmol/L Cu 溶液中优势组分的影响。

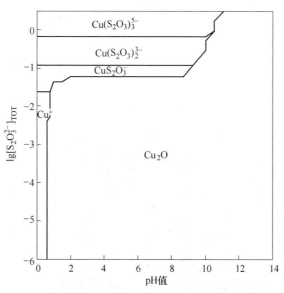

图 11-3 硫代硫酸根浓度对含铜组分分布的影响

（[Cu] = 48mmol/L）

由图 11-3 可以看到，当 $\lg[S_2O_3^{2-}]<-1.6$（即 $[S_2O_3^{2-}]<0.025mol/L$），只有在 pH<0.6 的狭窄范围内，溶液中的 Cu 主要以 Cu^+ 形式存在；pH>0.6，大部分的 Cu 以 Cu_2O 形式沉淀出来。$\lg[S_2O_3^{2-}]>-1.2$（$[S_2O_3^{2-}]>0.063mol/L$），溶液中的 Cu 主要为 $CuS_2O_3^-$，随着 $S_2O_3^{2-}$ 浓度增加至 $\lg[S_2O_3^{2-}]>-0.9$（$[S_2O_3^{2-}]>0.13mol/L$），多数 $CuS_2O_3^-$ 转变为 $Cu(S_2O_3)_2^{3-}$。

在完全反应的情况下，溶液中 Cu^{2+} 的还原反应消耗等摩尔的 $S_2O_3^{2-}$。研究发现，当 $[Cu^{2+}]/[S_2O_3^{2-}]$ 的比值大于 0.5 时，Cu^{2+} 不能完全被还原，溶液中呈现黄绿色；而在 $[Cu^{2+}]/[S_2O_3^{2-}]<0.4$ 的情况下，大部分 Cu^{2+} 被还原，溶液呈现浅黄色。当溶液中 $[S_2O_3^{2-}]=0.12mol/L$，$[Cu^{2+}]=0.048mol/L$，若 Cu^{2+} 反应完全，除去与 Cu（Ⅱ）反应消耗的硫代硫酸根，剩余的硫代硫酸根浓度约 0.07 ~ 0.8mol/L。依据图 11-3，配制的溶液中 Cu 主要为 $CuS_2O_3^-$，同时还有一部分 $Cu(S_2O_3)_2^{3-}$。

11.2 反应物及产物的化学特征

11.2.1 反应物化学组成和结构特征

硫化银是 Ag（Ⅰ）的硫化物，为铅灰色或黑色立方晶系晶体，自然界中主要以体心立方的辉银矿和单斜的螺状硫银矿存在。辉银矿形成于大于 177℃ 的温度下，自然界中室温下形成的所有硫化银均为螺硫银矿。试验采用的 Ag_2S 原料是在室温下用化学方法合成得到。分别用 XL300SEM-TMP 型电子扫描显微镜和 D/Max 2200 型 X 射线衍射仪对该样品的微观形貌和物质构成进行分析，分别见图 11-4 和图 11-5。

从图 11-4 可以看出，样品 Ag_2S 颗粒圆润，粒径在 50~160μm 范围内，其中大部分粒径为 100μm 左右；从 2000 倍放大图中可以看出，Ag_2S 颗粒表面凹凸不平；从 20000 倍的放大图中可以看到，Ag_2S 颗粒是由无数细小的晶粒组成（晶

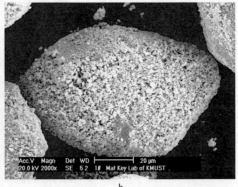

a   b

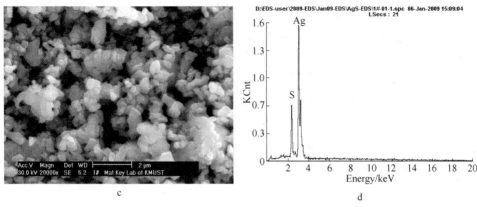

c   d

图 11-4   Ag₂S 样品特征

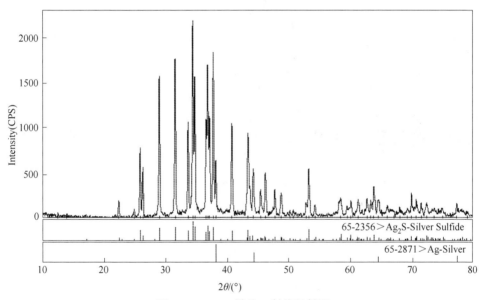

图 11-5   Ag₂S 样品 X 射线衍射图

粒直径为 200~400nm），其结构疏松，具有很多孔隙和较大的比表面积，这十分有利于与溶液的接触，进而发生反应。能谱检测中，Ag 的质量百分比约 87%，Ag 与 S 元素摩尔比值约 2：1，与辉银矿和螺硫银矿都十分接近。

由 X 射线衍射图 11-5 可以知道，实验中使用的 Ag₂S 样品结构与螺硫银矿一致。另外，样品中除 Ag₂S 以外，还含有少量的单质 Ag。

11.2.2   反应中间产物化学组成和结构特征

Ag₂S 在 $Cu-S_2O_3^{2-}-H_2O$ 体系中反应的中间产物为黑色粉末，取反应未完全的中间产物分别做 SEM 和 XRD，见图 11-6 和图 11-7。

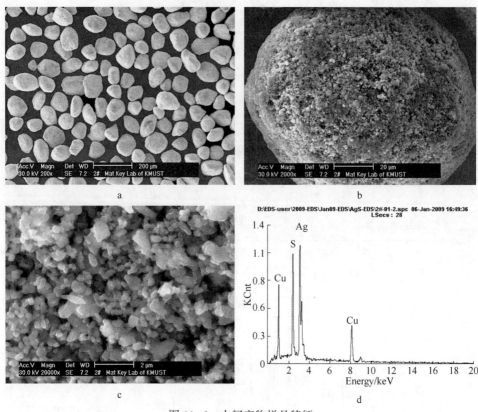

图 11-6　中间产物样品特征

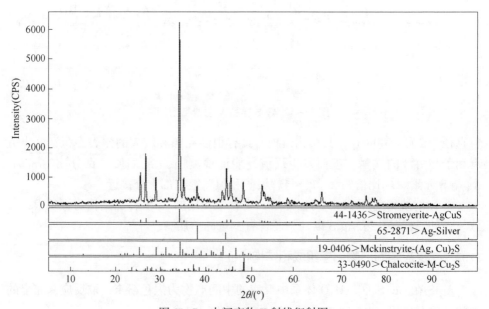

图 11-7　中间产物 X 射线衍射图

由扫描电镜图 11-6 中可以看出,反应中间产物的微观形貌与 Ag_2S 样品十分相似,结构疏松,具有较大的比表面积。图像放大 20000 倍,可以看到明显的孔隙。能谱检测的结果显示,中间产物中除了银和硫元素以外,还含有铜元素,其中硫的摩尔分数含量平均在 32% 左右,与 Ag_2S 样品基本一致,(Ag,Cu)与 S 元素的摩尔比值也接近 2:1。

X 射线衍射表明:反应的中间产物大部分为硫化银铜,即 CuAgS 和 $(Ag,Cu)_2S$,除此以外还含有少量的硫化亚铜 Cu_2S 和单质 Ag。其中单质 Ag 应为原料中未参与反应的 Ag,CuAgS、$(Ag,Cu)_2S$ 以及 Cu_2S 应为反应的产物。

11.2.3　反应最终产物化学组成和结构特征

Ag_2S 在 $Cu-S_2O_3^{2-}-H_2O$ 体系中反应的最终产物同样为黑色粉末,取反应最终产物分别做 SEM 和 XRD,见图 11-8 和图 11-9。

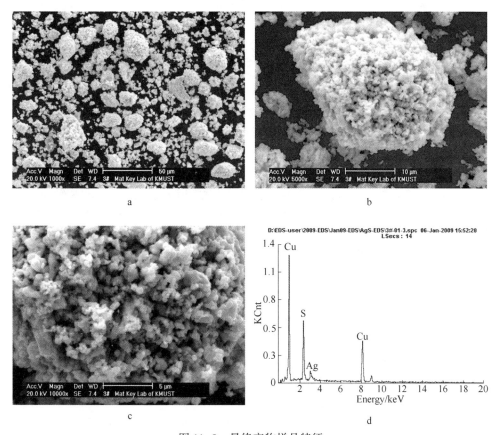

图 11-8　最终产物样品特征

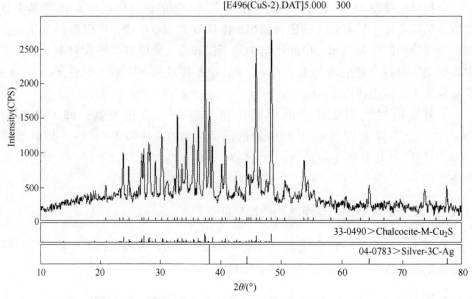

[E496(CuS-2).DAT]5.000　300

33-0490>Chalcocite-M-Cu$_2$S

04-0783>Silver-3C-Ag

图 11-9　反应产物 X 射线衍射图

从扫描电镜图 11-8 中可以看出，反应最终产物的结构仍然十分疏松，微观形貌与 Ag$_2$S 样品和中间产物相似。能谱测试结果显示，其主要成分为元素 Cu 和元素 S，且两元素的摩尔比值约 2∶1，同时，样品中还有少量 Ag 元素。

X 射线衍射结果显示：反应最终产物中仅含有硫化亚铜 Cu$_2$S 和单质 Ag 两种物质。其中，单质 Ag 应为原料中未参与反应的 Ag，Cu$_2$S 应为反应的最终产物。

11.3　反应机理

Flett[212] 等人进行了含硫酸铜的氨性硫代硫酸盐溶液浸出辉银矿的研究，并提出了反应的机理。首先，硫酸铜和硫代硫酸铵反应，生成一种硫代硫酸亚铜与硫代硫酸铵结合的复杂盐；然后，复杂盐中的铜取代矿粒中的银，生成硫化亚铜和银的复杂盐进入溶液，反应为：

$$5(NH_4)_2S_2O_3 + 2CuSO_4 \longrightarrow Cu_2S_2O_3 \cdot 2(NH_4)_2S_2O_3 + 2(NH_4)_2SO_4 + (NH_4)_2S_4O_6$$

$$(11-1)$$

$$Cu_2S_2O_3 \cdot 2(NH_4)_2S_2O_3 + Ag_2S \longrightarrow Cu_2S(\downarrow) + Ag_2S_2O_3 \cdot 2(NH_4)_2S_2O_3$$

$$(11-2)$$

Zipperian[207] 则认为是 Cu（Ⅰ）离子或 Cu（Ⅱ）离子直接取代了硫化银中的银，分别生成硫化亚铜和硫化铜的固体，进入溶液中的银离子与硫代硫酸根结合生成硫代硫酸银的络合物，反应为：

$$2Cu^+ + Ag_2S \longrightarrow 2Ag^+ + Cu_2S(chalcocite) + 4S_2O_3^{2-} \longrightarrow 2Ag(S_2O_3)_2^{3-}$$

$$(11-3)$$

$$Cu^{2+} + Ag_2S \longrightarrow 2Ag^+ + CuS(covellite) + 4S_2O_3^{2-} \longrightarrow 2Ag(S_2O_3)_3^{3-} \quad (11-4)$$

在含有铜的氨性硫代硫酸盐浸出液中，无论是 Flett 的复杂盐取代机理还是 Zipperian 提出的铜离子直接取代机理，反应的最终结果都是 Cu 离子与 S^{2-} 生成铜的硫化物固体。

研究证明，在 $Cu-S_2O_3^{2-}-H_2O$ 体系中，没有氨（或铵）的参与，Ag_2S 仍可有效溶解。与 Zippan 提出的 Ag_2S 在 $Cu-NH_3-S_2O_3^{2-}$ 体系中的浸出产物有所不同，$Cu-S_2O_3^{2-}-H_2O$ 体系中，Ag_2S 在常温常压，空气气氛下的反应产物并没有发现 CuS 或其他氧化产物。若是 Cu^{2+} 与 Ag_2S 发生取代，反应产物应为 CuS；若 Cu^{2+} 被 Ag_2S 还原，则应得到 Ag_2S 的氧化产物，如较多数量的单质 S 等物质。但是，无论是反应中间产物还是最终产物中均未发现这些物质。由此可以推测，取代 Ag_2S 中 Ag 的是 Cu（Ⅰ），而非 Cu（Ⅱ）。从前面溶液化学分析知道，实验条件下，溶液中 Cu（Ⅰ）仅以络合物形式存在。因此，与 Ag_2S 发生反应的应为 Cu（Ⅰ）的硫代硫酸盐络合物 $CuS_2O_3^-$、$Cu(S_2O_3)_2^{3-}$，反应式为：

$$Ag_2S + 2CuS_2O_3^- \Longrightarrow 2AgS_2O_3^- + Cu_2S \qquad (11-5)$$

$$Ag_2S + 2Cu(S_2O_3)_2^{3-} \Longrightarrow 2Ag(S_2O_3)_2^{3-} + Cu_2S \qquad (11-6)$$

式（11-5）和式（11-6）的标准吉布斯自由能变分别为 -8.48kJ/mol、-58.68kJ/mol，从热力学角度看，标准条件下，两反应均能够自发地进行。

由中间产物和最终产物的组成可以推测，硫化银在含有铜的硫代硫酸盐溶液中溶解分为两步：首先，铜的硫代硫酸盐络合物部分取代硫化银中的银，生成硫化银铜 AgCuS；随着反应的进行，硫化银铜中的银最终被铜的硫代硫酸盐络合物完全取代，生成硫化亚铜 Cu_2S。溶解的银与硫代硫酸根形成络合物存在于溶液中。

$$Ag_2S + CuS_2O_3^- \Longrightarrow AgS_2O_3^- + AgCuS \qquad (11-7)$$

$$AgCuS + CuS_2O_3^- \Longrightarrow AgS_2O_3^- + Cu_2S \qquad (11-8)$$

$$Ag_2S + Cu(S_2O_3)_2^{3-} \Longrightarrow Ag(S_2O_3)_2^{3-} + AgCuS \qquad (11-9)$$

$$AgCuS + Cu(S_2O_3)_2^{3-} \Longrightarrow Ag(S_2O_3)_2^{3-} + Cu_2S \qquad (11-10)$$

这与前面动力学的研究结果一致，硫代硫酸铜络离子取代硫化银中银生成硫化银铜的过程应为反应的第一阶段，此过程受化学反应和溶液扩散混合控制，反应迅速；硫代硫酸铜络离子取代硫化银铜中银生成硫化亚铜的过程应为反应的第二阶段，此过程中生成的硫化亚铜可能包裹于未反应的硫化银铜表面，导致反应速率降低，受内扩散控制。

11.4　Ag_2S 与 Ag 在硫代硫酸盐溶液中反应的区别

11.4.1　单质 Ag 在 $Cu-NH_3-S_2O_3^{2-}$ 体系中的反应

根据硫代硫酸盐浸银过程中银的反应机理可知，单质银首先被氧化为 Ag^+，此过程要求具有足够氧化电位的氧化剂存在。然后，Ag^+与硫代硫酸根作用生成相应的络离子 $Ag(S_2O_3)_2^{3-}$，电极反应如反应式（11-11）所示。当有氧化剂（用 L 表示）存在时，硫代硫酸盐浸出单质银的反应如反应式（11-12）所示。

根据 Nernst 方程式，在 298K 时银的电位由式（11-13）表示，在没有络合剂存在的情况下，将单质银氧化为 Ag^+ 所需的电位为 0.7991V，而在硫代硫酸盐溶液中，Ag^+ 的活度降低，银的氧化电位随之降低，从而为氧化剂氧化银创造条件。

$$Ag^+ + 2S_2O_3^{2-} \longrightarrow Ag(S_2O_3)_2^{3-} \tag{11-11}$$

$$Ag + 2S_2O_3^{2-} + L^{n+} \longrightarrow Ag(S_2O_3)_2^{3-} + L^{(n-1)+} \tag{11-12}$$

$$\varphi = 0.7991 + 0.05916 \lg\alpha_{Ag^+} \tag{11-13}$$

$Ag/Ag(S_2O_3)_2^{3-}$ 的标准电极电位：

$$Ag(S_2O_3)_2^{3-} + e \Longrightarrow Ag + 2S_2O_3^{2-} \tag{11-14}$$

$$\Delta G^{\ominus} = 2\Delta G_{S_2O_3^{2-}}^{\ominus} - \Delta G_{Ag(S_2O_3)_2^{3-}}^{\ominus} = 25958 \text{J/mol} \tag{11-15}$$

由公式 $\Delta G^{\ominus} = -nF\varphi^{\ominus}$，得：

$$\varphi^{\ominus} = -0.269V \tag{11-16}$$

可见，硫代硫酸根配位体的存在使得单质银在较低的氧化电位（-0.269V）下就可以溶解于溶液中。这一过程中，氧化剂作为必不可少的物质参与反应的进行。在 $Cu-NH_3-S_2O_3^{2-}$ 体系中，铜氨络离子 $Cu(NH_3)_4^{2+}$ 作为氧化剂将单质 Ag 氧化为银离子 Ag^+，并与硫代硫酸根离子结合，形成络合物 $Ag(S_2O_3)_2^{3-}$ 溶解于溶液中，同时，$Cu(NH_3)_4^{2+}$ 则被还原为 $Cu(NH_3)_2^+$。有 $S_2O_3^{2-}$ 存在时，$Cu(NH_3)_2^+$ 转变为 $Cu(S_2O_3)_3^{5-}$ [60-63]。反应式为：

$$Ag + 2S_2O_3^{2-} + Cu(NH_3)_4^{2+} \Longrightarrow Ag(S_2O_3)_2^{3-} + 2NH_3 + Cu(NH_3)_2^+ \tag{11-17}$$

$$Ag + 5S_2O_3^{2-} + Cu(NH_3)_4^{2+} \Longrightarrow Ag(S_2O_3)_2^{3-} + 4NH_3 + Cu(S_2O_3)_3^{5-} \tag{11-18}$$

而后，形成的 $Cu(NH_3)_2^+$ 和 $Cu(S_2O_3)_3^{5-}$ 又被溶液中的溶解氧氧化为 $Cu(NH_3)_4^{2+}$：

$$2Cu(NH_3)_2^+ + 4NH_3 + 0.5O_2 + H_2O \Longrightarrow 2Cu(NH_3)_4^{2+} + 2OH^- \tag{11-19}$$

$$2Cu(S_2O_3)_3^{5-} + 8NH_3 + 0.5O_2 + H_2O \Longrightarrow 2Cu(NH_3)_4^{2+} + 2OH^- + 6S_2O_3^{2-} \tag{11-20}$$

姜涛[60]通过对 $Cu-NH_3-S_2O_3^{2-}$ 体系中金的浸出机理的研究认为，铜氨络离子在金表面发生直接还原反应，氧间接地参与了阴极过程。因此，$Cu-NH_3-S_2O_3^{2-}$ 体系中单质银的浸出都是在氧气（或空气）气氛下进行的，$Cu(\text{II})$ 作为催化剂参与反应，却不被消耗。然而，硫化银中的银已经为氧化态，且溶解过程中，银的化合价没有发生变化。试验也证明氧气并不参与 Ag_2S 在 $Cu-S_2O_3^{2-}-H_2O$ 溶液中的溶解，下面讨论硫化银的溶解反应。

11.4.2 Ag_2S 在 $Cu-S_2O_3^{2-}-H_2O$ 体系中的反应

硫化银在溶解过程中，除了释放出银离子 Ag^+ 以外，还会有硫离子 S^{2-} 被释放出来，见式（11-21）。Ag^+ 与配位体结合形成相应的络离子，S^{2-} 的后续反应成为浸出的关键。

$$Ag_2S \longrightarrow 2Ag^+ + S^{2-} \tag{11-21}$$

在氰化浸出的过程中，充足的溶解氧将 S^{2-} 氧化为 S、$S_2O_3^{2-}$ 及 SO_4^{2-} 等；在氯化物浸出中[186~193]，S^{2-} 被氧化为 S 或 SO_4^{2-}（见式（11-22）和式（11-23））；在酸性硫代硫酸盐溶液中[131]，S^{2-} 与 H^+ 结合产生 H_2S 气体，为了增加硫化银的溶解，硫化氢进一步被氧化为单质硫（式（11-24）和式（11-25））。

$$S^{2-} + 4ClO^- = SO_4^{2-} + 4Cl^- \tag{11-22}$$

$$S^{2-} + 2O_2 = SO_4^{2-} \tag{11-23}$$

$$S^{2-} + 2H^+ = H_2S \tag{11-24}$$

$$2H_2S + S_2O_3^{2-} + 2H^+ = 4S + 3H_2O \tag{11-25}$$

可见，无论在氰化溶液还是酸性硫代硫酸盐溶液中浸出，S^{2-} 的充分氧化使式（11-21）的平衡向右移动，促进硫化银的溶解。

由前面的分析知道，在 $Cu-S_2O_3^{2-}-H_2O$ 体系中，Ag_2S 分解出的硫离子与溶液中的 Cu(I) 形成硫化亚铜。产生的 S^{2-} 虽然没有被氧化，但是，与 Cu(I) 的结合降低了溶液中硫离子的浓度，同样促使式（11-21）平衡向右移动，提高了 Ag_2S 的溶解率。

因此，在氮气气氛下，硫化银在含有 Cu(I) 的硫代硫酸盐溶液中就可被有效溶解，氧气不参与反应，溶液中的铜为反应物而非催化剂。由于没有合适的氧化剂，硫化银样品中含有的少量银单质未被溶解。

11.5 本章小结

本章通过对溶液化学、反应物及产物的研究，分析了 Ag_2S 在 $Cu-S_2O_3^{2-}-H_2O$ 体系中溶解的反应机理，得到以下结论：

（1）Ag(I) 和 Cu(I) 可以与硫代硫酸根形成络合物 $Ag(S_2O_3)_n^{1-2n}$、$Cu(S_2O_3)_n^{1-2n}$，并稳定存在于水溶液中。

（2）溶液中硫代硫酸根的浓度会对络合物的配位数产生影响。在实验条件下，溶液中铜主要以 $Cu(S_2O_3)_2^{3-}$、$CuS_2O_3^-$ 形式存在，贵液中的银以 $Ag(S_2O_3)_2^{3-}$、$AgS_2O_3^-$ 为主。

（3）通过扫描电镜测试发现，反应物和产物微观形貌十分相似，其结构疏松，具有明显孔隙和较大的比表面积，有利于化学反应的进行。

（4）X 射线衍射结果显示：实验所用样品中主要成分为 Ag_2S，其分子结构与螺硫银矿一致，另外，样品中还含有少量单质银；Ag_2S 反应的中间产物和最终产物分别为硫化银铜和硫化亚铜，单质银不参与反应。

（5）Ag_2S 在 $Cu-S_2O_3^{2-}-H_2O$ 体系中的溶解反应分两步进行：第一步，硫代硫酸铜络离子部分取代硫化银中的银生成硫化银铜 $AgCuS$，银以硫代硫酸银络离子形式进入溶液；第二步，硫代硫酸铜络离子取代硫化银铜中的银生成硫化亚铜 Cu_2S。

（6）硫代硫酸盐溶液中单质银的溶解需要氧化剂（其标准还原电位大于 $-0.269V$）存在，$Cu-NH_3-S_2O_3^{2-}$ 体系中，氧气作为氧化剂，Cu 作为催化剂参与反应；而在 $Cu-S_2O_3^{2-}-H_2O$ 体系中，$Cu(\,I\,)$ 离子和硫离子的结合促进了 Ag_2S 的溶解，由于没有合适的氧化剂，Ag 单质不被溶解。

12　墨西哥某硫化银矿浸出实践

实际银矿石的组成是复杂的，除了各种银矿物外，还常常伴生有铜、铁、铅、锌、锑等矿物，在氰化法中，这些物质对银矿物的浸出有诸多不良影响。存在这些物质的情况下，硫代硫酸盐浸出体系是否还可以有效提取硫化银矿物？下面将介绍两个硫化银矿在 $Cu-S_2O_3^{2-}-H_2O$ 体系浸出的实例，两个矿样分别来自墨西哥某银矿和中国云南某锌冶炼厂。

12.1　原料性质

12.1.1　化学分析

矿样 1 为墨西哥某硫化银矿的浮选银精矿，银品位为 12000g/t，其他金属矿物主要有黄铁矿、黄铜矿、闪锌矿、方铅矿等。矿样中主要金属元素及其品位列于表 12-1 中。

表 12-1　矿样主要金属元素分析表

元素	Ag[①]	Cu	Pb	Zn	Fe	Sb
品位/%	12000	0.67	0.85	0.66	7.3	0.18

①品位单位：g/t。

12.1.2　矿物学分析

采用扫描电子显微镜（SEM）对该硫化银精矿的矿物组成及矿样中的银矿物特征进行了研究分析。

银矿物的主要特征为：矿石中的银矿物为灰色、红棕色、黑色，呈现点状、片状、树枝状和不规则状嵌布于矿石中，银矿粒的粒径由 $1 \sim 125\mu m$ 大小不等，其微观形貌及能谱结果如图 12-1 所示。

从图 12-1 可知，矿样中的银主要以细粒、微细粒的辉银矿（Ag_2S）（如图 12-1a 所示）、硫锑银矿（Ag_3SbS_3）（如图 12-1b 所示）以及少量的单质银（Ag）（如图 12-1c 所示）嵌布于黄铁矿、黄铜矿、方铅矿和石英（如图 12-1b、d 所示）等脉石矿物中，其矿石结构较合成 Ag_2S 致密，无明显空隙。

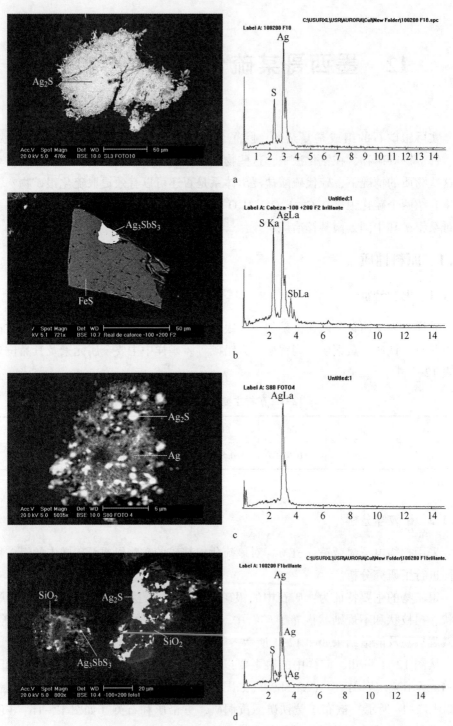

图 12-1　矿石 1 中银矿物特征

12.1.3　矿石粒度分析

与浮选等选矿单元不同，浸出过程中无需矿粒完全单体解离，只要目的矿物表面暴露，与浸出液接触，就可以进行反应。矿粒粒度越细，其比表面积越大，与溶液的接触面也越大，浸出越迅速。因此，在浸出反应中，矿粒粒度的大小对浸出率和浸出速率有着显著的影响。由此，对矿样进行了粒度分布分析，结果见图 12-2。

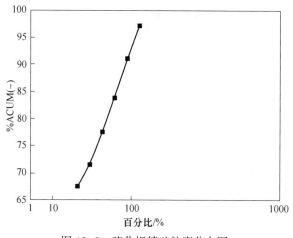

图 12-2　硫化银精矿粒度分布图

由图 12-2 可知，该硫化银矿的粒度比较细，超过 80% 的矿粒粒径小于 45μm，大部分银矿物已单体解离或者其矿物表面暴露，完全可以满足浸出的需要。

12.2　浸出装置及方法

硫化银矿的浸出反应在 1000mL 的玻璃容器中进行，容器盖上分布有 4 个孔，分别用于机械搅拌、pH 值测量、氧化还原电位的测量和取样。实验中，将玻璃容器放置于恒温水浴中，以维持浸出体系的温度恒定。实验装置如图 12-3 所示。

浸出液的配制与第 2 章中纯 Ag_2S 的浸出相同。将配好的浸出液倒入反应容器，置于恒温水浴中，当溶液达到反应温度后，加入矿粉并开始搅拌浸出，一定时间后停止反应。用真空过滤机将固液分离，浸渣经二次水洗、干燥后化验其中银的品位，同时化验浸出贵液中银的浓度，计算银的浸出率。

12.3　矿样 1 的结果与讨论

12.3.1　药剂比例及浓度对银浸出率的影响

从前面纯 Ag_2S 的浸出我们知道，无论是硫代硫酸盐浓度还是硫酸铜与硫代

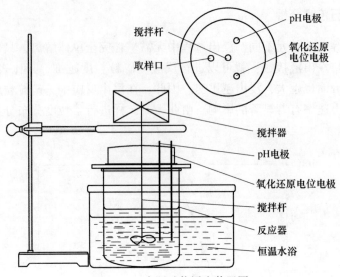

图 12-3 实际矿物浸出装置图

硫酸盐的摩尔比例都会在一定程度上影响硫化银的浸出，因此考查了实际硫化银矿在不同硫代硫酸盐浓度，不同 $[Cu^{2+}]/[S_2O_3^{2-}]$ 比例下银的浸出率，结果见图 12-4。

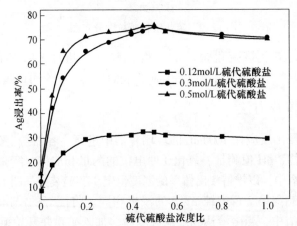

图 12-4 硫代硫酸盐浓度和 $[Cu^{2+}]/[S_2O_3^{2-}]$ 比例对银浸出率的影响

(298K, 6h, l:s=5)

从图 12-4 可以知道，与前面纯 Ag_2S 的浸出结果相似，溶液中铜离子浓度同硫代硫酸盐浓度的比例对银的浸出率有显著影响，随 $[Cu^{2+}]/[S_2O_3^{2-}]$ 比例由 0 增加到 0.5，银的浸出率明显提高；继续增加 $[Cu^{2+}]/[S_2O_3^{2-}]$ 的比例，银的浸出率反而下降。$[Cu^{2+}]/[S_2O_3^{2-}]=0.5$ 时，浸出渣中出现蓝色铜沉淀，为了减少铜离子不必要的消耗，$[Cu^{2+}]/[S_2O_3^{2-}]$ 比例在 0.4 比较合适。与纯 Ag_2S 的浸出不同，当 $[Cu^{2+}]/[S_2O_3^{2-}]=0$ 时，有部分的银溶解于浸出液中，其浸出率在 10% 左右。这可能是由于硫代硫酸盐的作用下，某些含铜矿物溶解，生成了铜的硫代硫酸盐络离子，继而与银矿物发生反应，使其溶解。主要反应式为：

$$CuFeS_2 + 2S_2O_3^{2-} \Longrightarrow Cu(S_2O_3)_2^{3-} + FeS_2 + e \qquad (12-1)$$

$$Ag_2S + 2Cu(S_2O_3)_2^{3-} \Longrightarrow 2Ag(S_2O_3)_2^{3-} + Cu_2S \qquad (12-2)$$

$$Ag_3SbS_3 + 3Cu(S_2O_3)_2^{3-} \Longrightarrow 3Ag(S_2O_3)_2^{3-} + Cu_3SbS_3 \qquad (12-3)$$

与第 8 章不同的是，当溶液中硫代硫酸盐初始浓度为 0.12mol/L 时，银的浸出率很低，这是由于该硫化银矿中银的品位较高，溶液中铜离子浓度相对较低，不能将矿物中的银完全取代。为了提高银的浸出率，实验考查了较高硫代硫酸盐浓度下的浸出情况。当溶液中硫代硫酸盐初始浓度增加到 0.3mol/L，$[Cu^{2+}]/[S_2O_3^{2-}]=0.4$ 的条件下，反应 6h，银的浸出率提高到 72% 左右，进一步提高硫代硫酸盐浓度到 0.5mol/L，银的浸出率变化不大。因此，采用 $[S_2O_3^{2-}]=0.3mol/L$、$[Cu^{2+}]/[S_2O_3^{2-}]=0.4$ 的浸出液，对该硫化银精矿进行浸出是比较合适的。

测量了反应过程中 pH 值和氧化还原电位（ORP）的变化，结果见图 12-5。比较不同硫代硫酸盐浓度下矿浆的 pH 值和氧化还原电位（ORP），无论硫代硫酸盐浓度高低，其 pH 值和 ORP 值的变化趋势一致。随着 $[Cu^{2+}]/[S_2O_3^{2-}]$ 比例的提高，矿浆的 pH 值降低，ORP 值升高；$[S_2O_3^{2-}]$ 浓度的提高则会导致矿浆的 ORP 值降低。与纯 Ag_2S 的浸出规律一致，$[Cu^{2+}]/[S_2O_3^{2-}] \leqslant 0.5$ 时，pH 值最终趋于 8~9，其中 $[Cu^{2+}]/[S_2O_3^{2-}] \leqslant 0.2$，ORP 值在 -100~+50mV 范围内变化，$0.5 \geqslant [Cu^{2+}]/[S_2O_3^{2-}] > 0.2$，ORP 值在 +50~+100mV 的范围内变化；$[Cu^{2+}]/[S_2O_3^{2-}] > 0.5$ 时，矿浆的 pH 值下降，ORP 值在 +100~+250mV 的范围内变化。

12.3.2 温度对银浸出率的影响

考查了不同温度下实际硫化银矿的银浸出率，反应结果见图 12-7。反应温度对该矿物中银的浸出有显著的影响，反应 6h，温度由 293K 提高到 343K，银的浸出率由 72% 升至 84%。这是由于反应的前期受化学反应和溶液扩散混合控制，因此，升高温度可以提高反应速率，使其在较短的时间内达到较高的浸出率，但是矿浆加热会大大增加设备的投入和浸出的成本，且高温不利于硫代硫酸根的稳定。

图 12-6 为不同温度下矿浆的 pH 值和 ORP 变化图，可以看出，温度的变化同样影响矿浆的 pH 值和 ORP。随着温度的升高，矿浆的 pH 值下降，氧化还原电位先下降后上升。温度为 328K 时，矿浆的 ORP 值为最低，但该温度下的浸出率并非最高或最低，可见，氧化还原电位在 0~100mV 范围内对浸出率没有显著的影响。

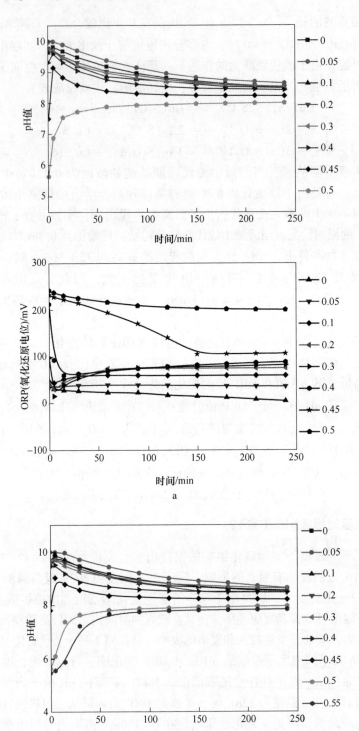

a

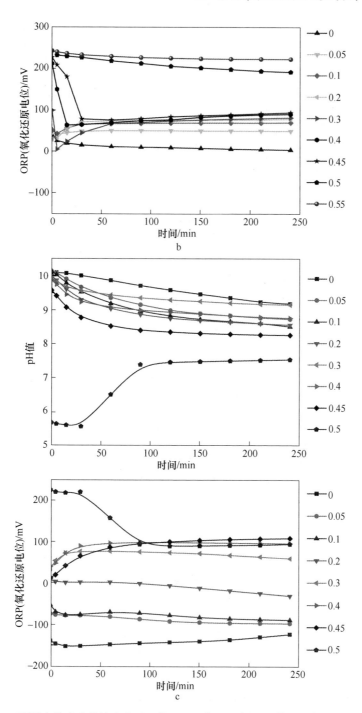

图 12-5 不同硫代硫酸盐浓度和 [Cu^{2+}]/[$S_2O_3^{2-}$] 比例下矿浆 pH 值和 ORP 变化图

a—[$S_2O_3^{2-}$] = 0.12mol/L; b—[$S_2O_3^{2-}$] = 0.3mol/L; c—[$S_2O_3^{2-}$] = 0.5mol/L

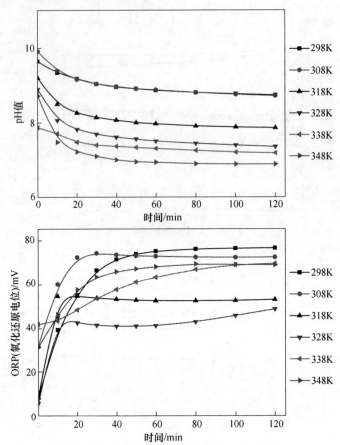

图 12-6 不同温度下矿浆 pH 值和 ORP 变化图

($[Cu^{2+}]/[S_2O_3^{2-}]=0.4$，$[S_2O_3^{2-}]=0.3mol/L$，6h，1：s=5)

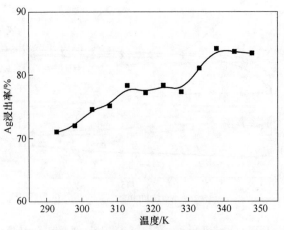

图 12-7 温度对银浸出率的影响

($[Cu^{2+}]/[S_2O_3^{2-}]=0.4$，$[S_2O_3^{2-}]=0.3mol/L$，6h，1：s=5)

12.3.3 矿浆浓度对银浸出率的影响

在实际矿石的浸出中，矿浆浓度是影响浸出率的重要因素之一。矿浆浓度过高会影响矿浆的传质、扩散，浓度过低则会导致设备投资大、生产成本高。试验考查了矿浆浓度分别为15%、20%、25%、30%和40%时银的浸出率，结果见图12-8。

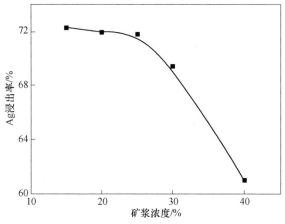

图 12-8 矿浆浓度对银浸出率的影响

$([Cu^{2+}]/[S_2O_3^{2-}]=0.4,[S_2O_3^{2-}]=0.3mol/L,6h,298K)$

在实验条件下，反应6h后，矿浆浓度由15%增加到30%，银的浸出率从72.26%下降至69.36%，变化仅3%；随着矿浆浓度增加到40%，银的浸出率明显下降至60.98%。这是因为矿浆浓度为40%时，溶液的传质、扩散受到较大影响；同时，随着矿浆浓度的提高，溶液中铜离子浓度相对于矿浆中银的比例下降，从而导致银的浸出率降低。可见，实验条件下，矿浆浓度对该硫化银矿浸出有显著的影响，综合考虑药剂成本和浸出率，矿浆浓度为30%是比较合适的。

12.3.4 粒度和时间对银浸出率的影响

由纯Ag_2S的实验知道，反应物Ag_2S的粒度对银浸出率有较大影响，因此，分别对大于$76\mu m$、$45\sim76\mu m$和$38\sim45\mu m$三个不同粒级的矿样进行浸出，结果如图12-9所示。

由图12-9可以看出，该矿的矿石粒度对银的浸出率影响不大，由前面粒度分析可知，该硫化银矿粒度较细，银矿物表面已暴露出来，完全可以满足浸出的需要。在任何时间，大于$76\mu m$、$45\sim76\mu m$和$38\sim45\mu m$三个粒级矿样浸出率基本一样。然而，反应时间对银的浸出率有显著影响，在最初的6h中，反应是十分迅速的，有70%左右的银溶解于浸出液中，之后反应变得缓慢，后面的42h，

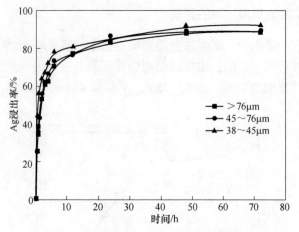

图 12-9 粒度和时间对银浸出率的影响

($[Cu^{2+}]/[S_2O_3^{2-}] = 0.4$，$[S_2O_3^{2-}] = 0.12mol/L$，298K，1 : s = 2.3，72h)

仅有 20% 左右的银被浸出。这与纯 Ag_2S 的浸出规律相似，但实际矿石的反应动力学却较纯 Ag_2S 缓慢得多，这是由于该银矿的矿粒结构致密，其比表面积较小，且没有孔隙。$38\sim45\mu m$ 矿样浸出 48h，浸出率达到最大值 92.24%，继续延长时间，浸出率不再增加。因此，该硫化银矿浸出 48h 比较适宜。

12.3.5 反应条件的优化

矿浆浓度、反应时间、反应温度、试剂浓度和比例等都会影响银矿物的回收，为得到最大的经济利益，实验对反应条件进行优化。从试剂浓度和比例的试验中知道，$[S_2O_3^{2-}]$ 浓度为 0.3mol/L 和 0.5mol/L 时，银的回收率差别很小，但降低 $[S_2O_3^{2-}]$ 至 0.12mol/L 时，矿浆中铜离子的浓度也随之降低，导致银的浸出率不高。为了有效回收矿石中的银，选择 $[S_2O_3^{2-}] = 0.3mol/L$，$[Cu^{2+}]/[S_2O_3^{2-}] = 0.4$。提高浸出温度，可以加速反应的进行，但设备的投入大、要求高，为了降低成本投入，我们选择在常温下进行反应，同时延长浸出的时间。优化后的工艺为：在 $[S_2O_3^{2-}] = 0.3mol/L$，$[Cu^{2+}]/[S_2O_3^{2-}] = 0.4$ 的溶液中，矿浆浓度调至 30%，常温反应 48h，银的浸出率可达 90.20%。

12.3.6 其他金属矿物的浸出

浸出过程中，除了目的矿物与浸出液发生反应，有时候非目标组分也会溶解于浸出液中。这不仅会消耗浸出剂，同时也会影响目标组分的溶解，这是浸出过程中需要尽量避免的。

实验所用硫化银矿中除了有银矿物外还有黄铁矿、黄铜矿、方铅矿等，这些矿物在氰化浸出过程中会溶解于氰化浸出液中，消耗溶解氧和氰根，从而导致贵金属的浸出率降低[1]。表 12-2 列出了该硫化银矿在 $Cu-S_2O_3^{2-}-H_2O$ 体系中浸出后，浸渣中主要金属元素的品位及其在贵液中的浓度。与表 12-1 相比，浸渣中 Cu 的品位有较大变化，这是由于浸出液中的铜作为反应物取代了硫化银矿中的银，并沉积于浸渣中，增加了浸渣中铜的品位，其回收有待进一步的研究。除 Cu、Ag 以外，浸渣中的其他主要金属元素品位基本没有变化，在浸出贵液中的含量也很低，可以忽略不计。可见，Pb、Zn、Fe、Sb 等矿物并未溶解于 $Cu-S_2O_3^{2-}-H_2O$ 体系，不会消耗浸出液中的硫代硫酸根。因此，$Cu-S_2O_3^{2-}-H_2O$ 浸出体系对于复杂硫化银矿较氰化法具有更强的适应性。

表 12-2　浸渣及贵液中主要金属元素分析表

元　素	Cu	Pb	Zn	Fe	Sb
浸渣品位/%	1.35	0.85	0.65	7.2	0.17
溶液浓度（×10⁻⁶）	—	<0.19	0.01	<0.10	<0.01

12.4　反应产物特征分析

用扫描电子显微镜对浸出渣进行分析，反应产物形态及其能谱见图 12-10。

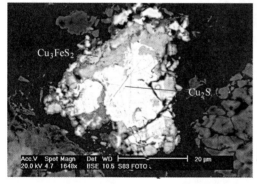
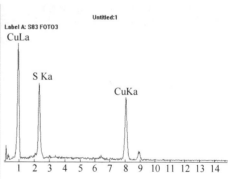

a

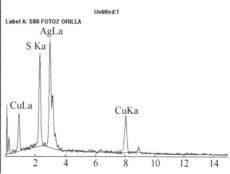

b

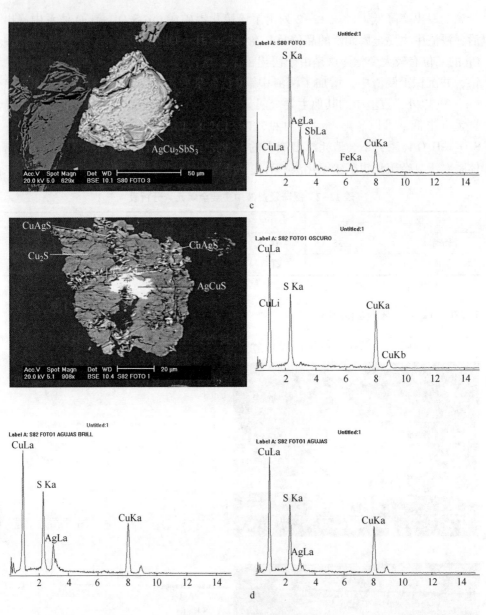

图 12-10　浸渣矿物特征

从扫描电镜的分析结果看，浸渣中发现了 Cu_2S（如图 12-10a 所示）、$AgCuS$（如图 12-10b 所示）、$AgCu_2SbS_3$（如图 12-10c 所示）等物质，这些都是在原矿中没有的，为矿样中的 Ag_2S、Ag_3SbS_3 等矿物反应的产物。根据前面反应机理分析的结果可知，$AgCuS$、$AgCu_2SbS_3$ 为 Ag_2S、Ag_3SbS_3 不完全反应的产物，而 Cu_2S 为反应的最终产物。

与前面纯 Ag_2S 扫描电镜的图像不同，该硫化银矿中的银矿物结构致密，相同粒度下，其比表面积较前面所使用的纯 Ag_2S 小得多，因而其反应的速率也较慢，完全反应所需的时间较长。

由图 12-10d 发现，反应的最终产物硫化亚铜 Cu_2S 包裹在中间产物硫化银铜 $AgCuS$ 的表面，导致浸出第二阶段反应速率下降，浸出液中硫代硫酸铜络离子和反应产物硫代硫酸银络离子通过 Cu_2S 固态膜的内扩散过程成为反应速率的控制步骤。

12.5　本章小结

（1）矿样 1 为硫化银矿的浮选银精矿，其品位为 12000g/t，主要以细粒、微细粒的辉银矿（Ag_2S）、硫锑银矿（Ag_3SbS_3）以及少量的单质银（Ag）嵌布于黄铁矿、黄铜矿、方铅矿和石英等矿物中。该硫化银矿粒度较细，超过 80% 的矿粒粒度小于 45μm，大部分银矿物表面暴露出来，可以满足浸出的需要。

（2）0.12mol/L 的硫代硫酸盐浓度不能满足矿样 1 的浸出，提高硫代硫酸盐浓度到 0.3mol/L 可以增加银的浸出率，但继续提高试剂浓度对浸出率无明显的提高。随溶液中 $[Cu^{2+}]/[S_2O_3^{2-}]$ 比例的增加，矿浆 pH 值下降，氧化还原电位（ORP）升高，银的浸出率先提高后下降，$[Cu^{2+}]/[S_2O_3^{2-}]$ 比例在 0.3~0.5 之间，银的浸出率较高，其 ORP 在 50~100mV 之间。

（3）提高反应温度、延长反应时间、降低矿浆浓度均可在一定程度上提高银的浸出率。

（4）经工艺条件优化，在 $[S_2O_3^{2-}] = 0.3$mol/L，$[Cu^{2+}]/[S_2O_3^{2-}] = 0.4$ 的浸出液中，矿浆浓度调至 30%，常温反应 48h，银的浸出率可达 90.20%。

（5）Pb、Zn、Fe、Sb 等矿物不溶解于 $Cu-S_2O_3^{2-}-H_2O$ 浸出液，对于复杂多金属硫化矿，该体系较氰化物更具优势。

（6）从扫描电镜的分析结果看，该硫化银矿中的 Ag_2S、Ag_3SbS_3 等矿物反应的主要产物有 Cu_2S、$AgCuS$、$AgCu_2SbS_3$ 等物质，其中 $AgCuS$、$AgCu_2SbS_3$ 为 Ag_2S、Ag_3SbS_3 不完全反应的产物，而 Cu_2S 为反应的最终产物。

13　云南某硫化银浮选精矿浸出实践

　　用于硫代硫酸盐浸出的矿样 2 来自于云南某锌冶炼厂，该冶炼厂一直在火法冶炼过程中回收银。

13.1　原料性质

13.1.1　化学分析

　　矿样原料为硫化锌矿浸渣的浮选精矿，主要金属元素为锌（37.95%），同时含有铜、铅（0.008%）、银、金等有价金属，其中银品位为 1405.3g/t，金品位为 8.7g/t。

13.1.2　矿物学分析

　　采用扫描电镜观察矿粒，矿粒 1 和 2 的 SEM 图见图 13-1 和图 13-3，矿样中的银以硫化物形式（如图 13-2b、图 13-4a 所示）与方铅矿（如图 13-2a、图 13-4b 所示）紧密共生，嵌布于红锌矿（如图 13-2c、图 13-2d 所示）、闪锌矿（如图 13-4c 所示）及碳酸盐和硅酸盐（如图 13-4d、图 13-4e 所示）矿物中。银矿物粒度较细，仅 20μm 左右。扫描电镜观察多个样品，均未发现金矿物，这主要是因为矿样中的金品位较低，另外，金有可能以微细粒嵌布于其他矿物中。

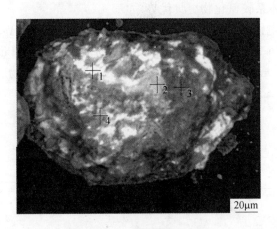

图 13-1　矿粒 1 的 SEM 图

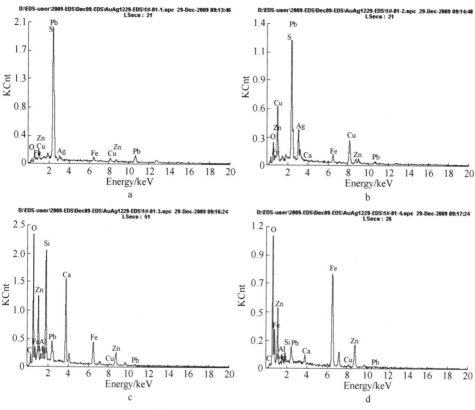

图 13-2　矿粒 1 上各点的 EDS 图

图 13-3　矿粒 2 的 SEM 图

13.1.3　矿石粒度分析

取 200g 矿样，分别用 200 目、320 目、400 目和 500 目筛子进行筛分，其结

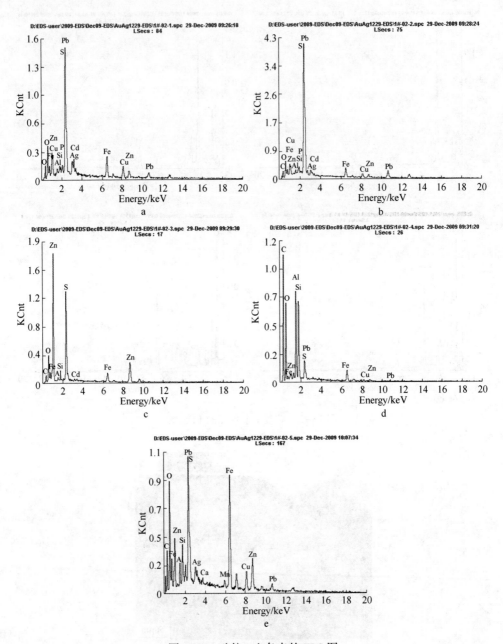

图 13-4 矿粒 2 上各点的 EDS 图

果如图 13-5 所示。该矿样粒度较细，超过 85% 的矿粒粒径小于 38μm，75% 的矿粒粒径小于 28μm，矿样中大部分的银矿物单体解离或矿物表面暴露，因此试验中对矿样进行直接浸出，不再做磨矿处理。

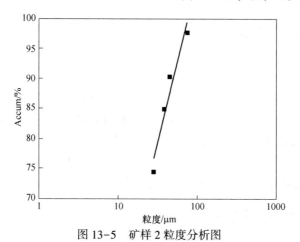

图 13-5　矿样 2 粒度分析图

13.2　研究方法

13.2.1　氰化浸出

氰化法具有工艺简单、成本低廉、技术指标稳定等优点，目前仍然是国内外处理金银矿物原料的主要方法。首先采用氰化法对矿样进行浸出，氰化浸出的结果将作为标准与硫代硫酸盐浸出结果进行比较，经多组试验得到的最佳氰化浸出工艺参数列于表 13-1 中。

表 13-1　矿样 2 的氰化浸出工艺参数

NaCN 用量 /kg·t^{-1}	NaCN 浓度 /mol·L^{-1}	CaO 用量 /kg·t^{-1}	矿浆 pH 值	l:s	转速 /r·min^{-1}	时间/h
30	0.12	10	12.0	4	400	24

13.2.2　硫代硫酸盐浸出

采用含铜的硫代硫酸盐溶液浸出矿样 2 的方法与矿样 1 的方法一致，可参考 12.2 小节。

为了快速了解药剂浓度、矿浆液固比、浸出温度及浸出时间等四个因素对金银浸出率的影响，设计四因素三水平正交因素表，见表 13-2。

表 13-2　硫代硫酸盐法浸出矿样 2 的正交因素表

因素	A 硫代硫酸盐/mol·L^{-1}	B l:s	C 时间/h	D 温度/℃
1	0.08	3	12	25
2	0.12	4	24	35
3	0.16	5	48	45

13.3 浸出结果与讨论

13.3.1 氰化法浸出结果

使用过量 20 倍的 NaCN 溶液浸出该矿样, NaCN 浓度为 0.12mol/L, 石灰调节矿浆的 pH 值为 12, 液固比为 4:1, 搅拌转速 400r/min, 24h 后金的浸出率为 65.40%, 银的浸出率为 82.40%。反应中 NaCN 用量及浓度远远高于生产实践中的量, 其他工艺参数也均为实践中的较佳数值, 此结果应为氰化法处理该矿的较好结果, 该结果将作为标准与硫代硫酸盐法浸出结果进行比较。

13.3.2 硫代硫酸盐浸出结果

硫代硫酸盐法各因素水平下银的浸出率列于表 13-3 中。

表 13-3 硫代硫酸盐法各因素水平下银的浸出率

实验编号	A 硫代硫酸盐/mol·L^{-1}	B l:s	C 时间/h	D 温度/℃	Ag 浸出率/%
1	0.08	3	12	25	72.3
2	0.08	4	24	35	76.91
3	0.08	5	48	45	73.32
4	0.12	3	24	45	66.07
5	0.12	4	48	25	78.28
6	0.12	5	12	35	79.31
7	0.16	3	48	35	73.93
8	0.16	4	12	45	76.14
9	0.16	5	24	25	77.61
K1	222.53	212.3	227.75	228.19	
K2	223.66	231.33	220.59	230.15	
K3	227.68	230.24	225.53	215.53	
极差	5.15	19.03	7.16	14.62	

通过极差分析可以知道, 硫代硫酸盐浓度、液固比、浸出时间和浸出温度等因素都在一定程度上影响银的浸出。各因素对银浸出率的影响顺序如下: 液固比>浸出温度>浸出时间>硫代硫酸盐浓度。

13.3.3 硫代硫酸盐浓度对银浸出率的影响

在硫代硫酸根浓度分别为 0.08mol/L、0.12mol/L 和 0.16mol/L 的溶液中,

银的浸出率变化趋势见图 13-6。从图 13-6 中可以看出，随着硫代硫酸根浓度的增加，银的浸出率有所提高，可见较高的硫代硫酸盐浓度有利于银的浸出。

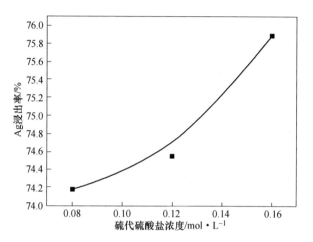

图 13-6　硫代硫酸盐浓度对矿样 2 银浸出率的影响图

13.3.4　液固比对银浸出率的影响

当矿浆的液固比 1∶s 分别为 3∶1、4∶1 和 5∶1 时，银的浸出率见图 13-7。由图 13-7 可见，当矿浆的液固比由 3∶1 提高到 4∶1 时，银的浸出率增加，而继续提高液固比至 5∶1，银的浸出率变化不大。较大的液固比有利于银的浸出，但同时也会导致较高的生产成本，鉴于液固比 4∶1 和 5∶1 时，银的浸出率相差不大，通常情况下选择液固比为 4∶1 比较合适。

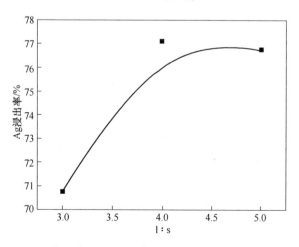

图 13-7　液固比对银浸出率的影响图

13.3.5　浸出时间对银浸出率的影响

不同浸出时间下银的浸出率结果见图 13-8。

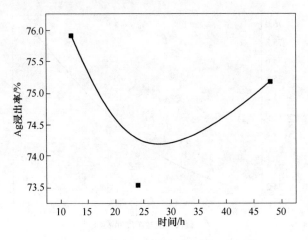

图 13-8　浸出时间对银浸出率的影响图

从图 13-8 可以看出，当浸出时间由 12h 延长至 24h，银的浸出率由 76% 降至 73.6%，继续延长浸出时间至 48h，银的浸出率提高至 75.2%，浸出时间从 12~24h，银的浸出率波动，但变化并不大，因此认为浸出时间保持 12h 以上即可。

13.3.6　浸出温度对银浸出率的影响

在温度分别为 25℃、35℃、45℃的条件下，银的浸出率见图 13-9。

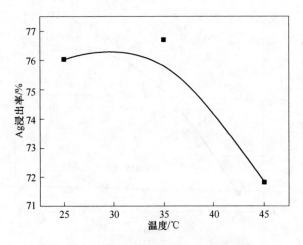

图 13-9　浸出温度对银浸出率的影响图

由图 13-9 可以看出，当浸出温度由 25℃提高到 35℃，银的浸出由 76.02%升至 76.72%，仅仅提高了 0.7 个百分点，升温至 45℃，浸出率反而下降至 71.84%，可见过高的温度不利于银矿物的浸出。浸出过程中为矿浆升温需要消耗大量的热能，造成成本的大幅提高，硫代硫酸盐浸出无需高温，常温条件既可以获得相对高的回收率，又能避免成本的增加。

通过对硫代硫酸盐浓度、矿浆液固比、浸出时间、浸出温度等因素的考查，浸出银的较佳工艺条件为 A3B2C1D1，即硫代硫酸盐浓度为 0.16mol/L，矿浆液固比为 4∶1，浸出 12h，25℃。

13.4　多段浸出

对于矿样 2，硫代硫酸盐一段浸出效果并不十分理想，银的浸出率与氰化法相比略低，且延长浸出时间和提高温度都不是增加浸出率的有效办法。为了尽可能多地回收矿样 2 中的银，可采用多段浸出处理该矿石。

13.4.1　多段浸出工艺流程

取矿样 50g，采用 0.08mol/L 硫代硫酸盐溶液，液固比 4∶1，浸出时间 12h，常温三段浸出，每段浸出液均使用新配含铜硫代硫酸盐溶液，其流程图见图 13-10，结果见表 13-4。

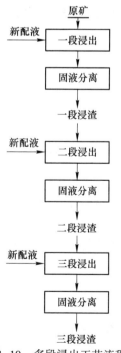

图 13-10　多段浸出工艺流程图

表 13-4　多段浸出结果

浸出段数	品位/g·t^{-1}		浸出率/%	
	Au	Ag	Au	Ag
一段浸出	5.7	381.6	34.48	72.85
二段浸出	5.1	254.9	41.38	81.86
三段浸出	4.6	182.8	47.13	86.99

从表 13-4 可以看出，一段浸渣中，金、银的品位分别为 5.7g/t 和 381.6g/t，浸出率分别为 34.48% 和 72.85%，大部分的银被浸出；二段浸出后，浸出率分别增至 41.38% 和 81.86%，银的浸出率与氰化法相当，三段浸出后，浸渣中金、银的品位降至 4.6g/t、182.8g/t，浸出率增至 47.13% 和 86.99%。三段浸出后，金、银的浸出率分别提高 13.7% 和 14.1%，与氰化法浸出（金银浸出率分别为 65.40% 和 82.40%）相比，银的浸出率更高，金的浸出率较低。

13.4.2　多段浸出扩大研究

采用 250g 矿样，硫代硫酸盐浓度 0.08mol/L，液固比 4:1，常温多段浸出，每段浸出液均使用新配含铜硫代硫酸盐溶液，浸出时间 12h，结果见表 13-5。

表 13-5　多段浸出扩大结果

浸出段数	品位/g·t^{-1}		浸出率/%	
	Au	Ag	Au	Ag
一段浸出	6.4	365.1	26.44	74.02
二段浸出	4.3	204.9	50.57	85.42
三段浸出	4	93.4	54.02	93.35

与前面多段浸出试验相比，多段浸出扩大验证中，除一段浸出中金的浸出率略低以外，其余各段金、银的浸出率都较 50g 矿样的浸出率高，这可能是由于较大处理量减少了氧气在浸出体系中的溶解，较低的溶解氧避免了矿石中各种硫化矿物的氧化溶解，提高了浸出体系的稳定性。可见，较大的处理量有利于体系的稳定和浸出反应的进行。

13.5　三段逆流浸出

在多段浸出扩大研究中，金、银的浸出率都取得了较好的结果，但是，由于每段浸出所用的浸出原液均为新配制溶液，三段累积化学试剂用量较大，为了减少药剂用量，拟采用多段逆流浸出流程，即在第三段浸出中使用新配制溶液，其余各段均采用下一段浸出的贵液，其流程图如图13-11所示，浸出结果见表13-6。

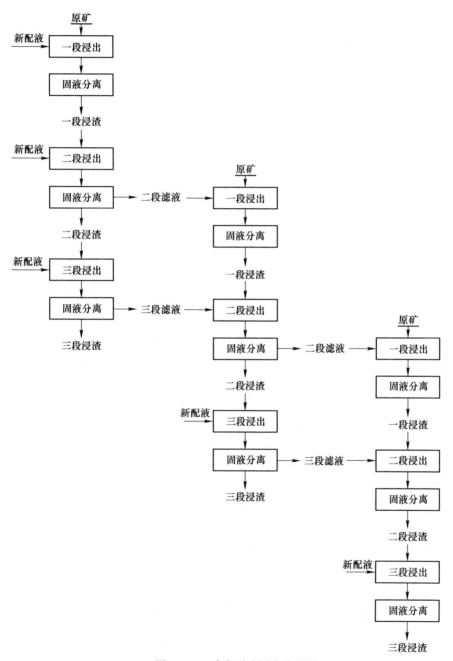

图13-11 多段逆流浸出流程图

表 13-6　三段逆流浸出结果

名称	浸出段数	品位/g·t⁻¹		浸出率/%	
		Au	Ag	Au	Ag
1	一段浸出	6.4	365.1	26.44	74.02
	二段浸出	4.3	204.9	50.57	85.42
	三段浸出	4	93.4	54.02	93.35
2	一段浸出	5.5	391.4	36.78	72.15
	二段浸出	4.3	195.4	50.57	86.10
	三段浸出	4	128	54.02	90.89
3	一段浸出	5.9	336.9	32.18	76.03
	二段浸出	4.9	222.2	43.68	84.19
	三段浸出	3.8	130	56.32	90.75
	三段平均	3.93	117.13	54.79	91.66

由表 13-6 可以看出，经过三段逆流浸出，金的浸出率均达到 54% 以上，银的浸出率均达到 90% 以上，而化学试剂的用量与一段浸出相同。采用多段逆流浸出流程，在不增加药剂用量的前提下，大大提高了有价金属的回收率。

13.6　本章小结

（1）矿样 2 来自于云南某锌冶炼厂，为硫化锌浸渣的浮选银精矿，主要金属元素为锌（37.95%），同时含有铜、铅（0.008%）、银等有价金属，其中银品位为 1405.3g/t。

（2）氰化法浸出，NaCN 浓度为 0.12mol/L，石灰调节矿浆 pH 值为 12，液固比为 4:1，搅拌转速 400r/min，24h 后，银的浸出率为 82.40%。

（3）硫代硫酸盐浸出，采用正交实验研究各因素对银浸出率的影响，影响顺序为：液固比>浸出温度>浸出时间>硫代硫酸盐浓度。

（4）硫代硫酸盐浸出研究表明，浸出银的较佳工艺条件为 A3B2C1D1，即硫代硫酸盐浓度为 0.16mol/L，矿浆液固比为 4:1，浸出 12h，25℃。

（5）较高的硫代硫酸盐浓度会导致浸出成本较高，硫代硫酸盐浓度对银的浸出率影响不大，因此，采用硫代硫酸盐浓度 0.08mol/L，液固比 4:1，常温浸出 12h，银的浸出率为 72.85%。

（6）对于该矿样，一段浸出未获得理想的浸出率，采用多段逆流浸出可以有效回收矿样中的银，经三段浸出，银的平均回收率达到 91.66%。

14　无氨硫代硫酸盐法浸出硫化银矿总结

　　氰化法自发明以来，一直是提取金银最主要的方法，该方法具有技术成熟、工艺简单、成本低廉、稳定性好等优点。但是，氰化物为剧毒化合物，对环境不友好；对于含铜、碳、硫、砷、锑、碲的难处理金矿，不仅氰化物消耗量大，往往进行预处理后也难以获得令人满意的浸出效果。随着人们对环保的日益重视和易处理矿石的日益减少，氰化法已不能满足社会对金银提取的需要。硫脲、卤化物和硫代硫酸盐等非氰浸出试剂由于毒性小、浸出快、对某些杂质不敏感等优点越来越得到人们的关注。

　　酸性硫脲和碱性硫脲体系都可以浸出金，但硫脲本身很不稳定，易发生分解，无论哪种体系，氧化剂和稳定剂的选择都至关重要。另外，硫脲浸出贵液中金的回收研究较少，技术还不成熟，有许多工作需要进一步完善。

　　目前，用于浸出金的卤化物包括氯化物、溴化物和碘化物。氯、溴、碘都是氧化剂，可以有效将单质金氧化为金离子，被还原的氯离子、溴离子和碘离子又可以与金形成稳定的络合物。这些卤化物均为较强的氧化剂，加之卤化法浸出需在酸性条件下进行，较低的 pH 值和较强的氧化性会引起设备的严重腐蚀。目前，卤化法研究多停留在实验室阶段。

　　硫代硫酸法是最有可能取代氰化法的提取金银技术，该技术绿色、高效，对于含铜、硫、碳等元素的难处理矿石具有良好的适应性。

　　对于硫化银矿而言，无氨硫代硫酸盐技术是一种绿色、高效的浸出技术，通过对无氨硫代硫酸盐体系中纯硫化银的溶解反应工艺、热力学和动力学行为的系统研究，对硫化银床含铜硫代硫酸盐溶液中反应机理的深入分析，以及对硫化银浮选精矿的浸出实践，获得以下主要结论：

　　（1）Ag_2S 在无氨硫代硫酸盐体系中的热力学。

　　1）根据热力学计算，Cu^{2+} 和 $S_2O_3^{2-}$ 之间可发生氧化还原反应，生成 Cu^+ 离子，并与 $S_2O_3^{2-}$ 进一步结合，形成硫代硫酸铜络合阴离子。硫代硫酸铜的络离子可与 Ag_2S 发生反应，生成硫代硫酸银络合物和 Cu_2S。

　　2）$Cu-S_2O_3^{2-}-H_2O$ 体系和 $Ag_2S-S_2O_3^{2-}-H_2O$ 体系的 Eh-pH 图表明，在不含配位体的水溶液中，pH=0~14 的范围内，Ag_2S 不能溶解。硫代硫酸盐的加入使 Ag_2S 的溶解成为可能。在 $[S_2O_3^{2-}]=0.1mol/L$ 的水溶液中，Ag_2S 在 pH=0~14

的范围内，以硫代硫酸银络合物的形式溶解于水溶液中；在 $[S_2O_3^{2-}]=0.1mol/L$，$[Cu^{2+}]=0.05mol/L$ 的水溶液中，硫代硫酸铜络合物可在 pH＝0～11.4，$E=-0.4\sim0.8V$ 的范围内稳定存在。

（2）纯 Ag_2S 在无氨硫代硫酸盐体系中的溶解工艺。

1）无氨硫代硫酸盐溶液可以在无氧气参与的情况下将 Ag_2S 有效溶解，$[Cu^{2+}]/[S_2O_3^{2-}]$ 的比例对 Ag_2S 的溶解具有最显著影响，随着 $[Cu^{2+}]/[S_2O_3^{2-}]$ 比例的增加，Ag_2S 溶解率提高；但是，过高的 $[Cu^{2+}]/[S_2O_3^{2-}]$ 比例（＞0.5）会导致铜的沉淀。铵对 Ag_2S 的溶解不利，随着溶液中铵浓度的增加，Ag_2S 的溶解率明显下降。pH 值对溶解无显著影响，无论是酸性、中性还是碱性条件下，Ag_2S 均可被有效溶解。

2）经工艺条件优化，Ag_2S 在 $[S_2O_3^{2-}]=0.12mol/L$，$[Cu^{2+}]/[S_2O_3^{2-}]=0.4$ 的溶液中，温度 298K，搅拌速度 250r/min 的条件下，反应 4h，Ag_2S 的最大溶解率可达 96.50%。

3）锌粉可以有效回收贵液中的银，当锌粉用量与贵液中银含量的比例为 Zn：Ag＝4：1 时，反应 15min，贵液中的银几乎被完全回收，置换率高达 99.31%，银的总回收率为 95.83%。

（3）Ag_2S 在无氨硫代硫酸盐体系中的反应动力学。

1）无氨硫代硫酸盐体系中 Ag_2S 的溶解分为两个阶段，由反应开始到 30min 为反应的第一阶段，这一阶段为化学反应和溶液扩散混合控制，反应速率函数符合方程 $1-(1-x)^{\frac{1}{3}}=kt$，活化能为 13.39kJ/mol。

2）反应超过 30min 后，反应进入第二阶段，这一阶段受内扩散控制，反应速率函数符合方程 $1-\dfrac{2}{3}x-(1-x)^{\frac{2}{3}}=kt$，活化能为 18.28kJ/mol。

（4）硫代硫酸盐溶液的电化学行为。

1）$[S_2O_3^{2-}]=0.12mol/L$ 的硫代硫酸盐溶液在 -0.5～0.5V 的电位区间内是稳定的，没有明显的氧化还原反应；随着电位升高至 2.2V，阴极有气体产生，阳极附近出现白色硫单质沉淀。

2）Cu（Ⅱ）离子可以改变硫代硫酸盐的氧化行为，在 $[S_2O_3^{2-}]=0.12mol/L$、$[Cu^{2+}]=0.06mol/L$ 的溶液中，0.07V 和 0.15V 电位分别出现明显的氧化峰和还原峰，这是由于 Cu^{2+} 和 $S_2O_3^{2-}$ 之间发生了氧化还原反应，反应产物为 Cu^+ 和 $S_4O_6^{2-}$；0.29V 电位出现的氧化峰，是由 $S_4O_6^{2-}$ 氧化成 SO_4^{2-} 的反应引起的。

3）提高 Cu（Ⅱ）离子浓度，降低 pH 值和充入大量的氧气会导致 0.07V 电位附近的氧化峰电流增大，$S_2O_3^{2-}$ 氧化为 $S_4O_6^{2-}$ 的反应加剧；不同 pH 值下，0.15V 电位附近的还原峰在 pH 值为 6 时峰电流最大，Cu（Ⅱ）离子还原为 Cu（Ⅰ）离子的反应速率最高，提高铜（Ⅱ）离子浓度峰电流增大，促进 Cu（Ⅱ）离子的还原，充入氧气峰电流减小，抑制 Cu（Ⅱ）离子的还原；不同 pH 值下，0.29V 电位的氧化峰电流在 pH = 10 时最小，实验范围内，Cu（Ⅱ）离子浓度对 $S_4O_6^{2-}$ 的氧化没有显著影响，氧气会抑制 $S_4O_6^{2-}$ 的氧化。

（5）Ag_2S 在无氨硫代硫酸盐体系中的反应机理。

1）Ag（Ⅰ）和 Cu（Ⅰ）可以与硫代硫酸根形成络合物 $Cu(S_2O_3)_n^{1-2n}$、$Ag(S_2O_3)_n^{1-2n}$，并稳定存在于水溶液中。溶液中硫代硫酸根的浓度会对络合物的配位数产生影响。无氨硫代硫酸盐溶液中，铜主要以 $Cu(S_2O_3)_2^{3-}$、$CuS_2O_3^-$ 形式存在，贵液中的银以 $Ag(S_2O_3)_2^{3-}$、$AgS_2O_3^-$ 为主。

2）Ag_2S 在无氨硫代硫酸盐体系的溶解是分两步进行的：第一步，硫代硫酸铜络离子部分取代硫化银中的银生成硫化银铜，银以硫代硫酸银络离子形式进入溶液；第二步，硫代硫酸铜络离子取代硫化银铜中的银生成最终产物硫化亚铜。

3）硫代硫酸盐溶液中单质银的溶解需要氧化剂（其标准还原电位大于 −0.269V）存在，$Cu-NH_3-S_2O_3^{2-}$ 体系中，氧气作为氧化剂，Cu 作为催化剂参与反应；而在 $Cu-S_2O_3^{2-}-H_2O$ 体系中，Cu（Ⅰ）离子和硫离子的结合促进了 Ag_2S 的溶解，由于没有合适的氧化剂，Ag 单质不被溶解。

（6）硫化银矿的浸出实践。

1）实验中所用的矿样 1 为某硫化银矿的浮选银精矿，银的品位为 12000g/t，主要以细粒、微细粒的辉银矿（Ag_2S）、硫锑银矿（Ag_3SbS_3）以及少量的单质银（Ag）嵌布于黄铁矿、黄铜矿、方铅矿和石英等矿物中。该硫化银矿粒度较细，超过 80% 的矿粒粒度小于 45μm，大部分银矿物表面暴露出来，完全可以满足浸出的需要。

2）矿浆浓度、反应时间、反应温度、试剂浓度和比例都会影响银矿物的回收。经工艺条件优化，在 $[S_2O_3^{2-}] = 0.3$mol/L，$[Cu^{2+}]/[S_2O_3^{2-}] = 0.4$ 的浸出液中，矿浆浓度调至 30%，常温反应 48h，银的浸出率可达 90.20%。实验条件下，Pb、Zn、Fe、Sb 等矿物不溶解于 $Cu-S_2O_3^{2-}-H_2O$ 浸出溶液，对于复杂多金属硫化矿，该体系较氰化物更具优势。

3）矿样 2 来自于云南某锌冶炼厂，为硫化锌浸渣的浮选银精矿，主要金属元素为锌（37.95%），同时含有铜、铅（0.008%）、银等有价金属，其中银品位为 1405.3g/t。采用氰化法浸出，NaCN 浓度为 0.12mol/L，石灰调节矿浆 pH 值为 12，液固比为 4∶1，搅拌转速 400r/min，24h 后，银的浸出率为 82.40%。

4）硫代硫酸盐浸出研究表明：各因素对银浸出率的影响顺序为：液固比 > 浸出温度 > 浸出时间 > 硫代硫酸盐浓度，浸出银的较佳工艺条件即硫代硫酸盐浓度为 0.16mol/L，矿浆液固比为 4∶1，浸出 12h，25℃。

5）对于该矿样，一段浸出未获得理想的浸出率，采用多段逆流浸出可以有效回收矿样中的银，经三段浸出，银的平均回收率达到 91.66%。

附　　录

附录表　物质的标准自由能

(kJ/mol)

化学式	状态	$\Delta G^{\ominus}$	化学式	状态	$\Delta G^{\ominus}$
O_2	g	0.0	H_2O_2	aq	−131.67
OH^-	aq	−157.32	HO_2^-	aq	−65.31
H_2O	g	−228.61	HO_2	aq	12.55
H_2O	l	−237.19	O_2^-	aq	54.39
H_2O_2	l	−113.97	H^+	aq	0.0
$Au(OH)_3$	s	−289.95	$FeAsO_4$	aq	−762.03
H_3AuO_3	aq	−258.57	$FeCO_3$	s	−673.88
$H_2AuO_3^-$	aq	−191.63	$Fe(OH)^{2+}$	aq	−233.93
$HAuO_3^{2-}$	aq	−115.48	$Fe(OH)_2$	s	−483.54
Au_2O_3	s	163.18	$Fe(OH)_2^+$	aq	−444.34
AuO_2	s	200.83	$Fe(OH)_3$	s	−694.54
AuO_3^{3-}	aq	−24.27	$FeOOH(1型)$	s	−462.37
Au^+	aq	163.18	$FeOOH(2型)$	s	−489.53
Au^{3+}	aq	433.46	Fe_2O_3	s	−740.99
Ag_2O	s	−10.84	Fe_3O_4	s	−1014.20
AgO	s	10.88	Fe^{2+}	aq	−84.94
Ag_2O_3	s	87.03	Fe^{3+}	aq	−10.59
Ag^+	aq	77.11	SbO^+	aq	−175.73
AgO^-	aq	−22.97	Sb_2O_4	s	−694.13
Ag^{2+}	aq	268.19	Sb_4O_6	s	−1246.83
AgO^+	aq	225.52	Sb_2O_5	s	−838.89
Cu^+	aq	50.21	SbO_2^-	aq	−345.18
Cu^{2+}	aq	64.98	$HSbO_2$	aq	−407.94

续附录表

化学式	状态	$\Delta G^{\ominus}$	化学式	状态	$\Delta G^{\ominus}$
CuO	s	-127.19	SbO_2^+	aq	-274.05
$HCuO_2^-$	aq	-256.98	SbO_3^-	aq	-514.34
CuO_2^{2-}	aq	-182.00	Te^{2-}	aq	220.50
Cu_2O	s	-146.36	Te_2^{2-}	aq	162.13
$Cu(OH)_2$	s	-356.90	Te_2	g	121.34
$Cu_3(AsO_4)_2$	s	-1277.38	TeO_2	s	-270.29
$CuCO_3$	s	-517.98	TeO_3^{2-}	aq	-451.87
AsO^+	aq	-163.59	H_6TeO_6	s	-676.55
AsO_2^-	aq	-350.20	H_2TeO_3	s	-484.09
AsO_4^{3-}	aq	-635.97	HTe^-	aq	157.74
As_2O_5	s	-772.37	H_2Te	g	138.49
AsH_3	g	175.73	H_2Te	ag	142.67
$HAsO_2$	aq	-402.71	$H_2AsO_4^-$	aq	-728.52
$HAsO_4^{2-}$	aq	-707.10	H_3AsO_3	aq	-639.90
$H_2AsO_3^{2-}$	aq	-578.43	H_3AsO_4	aq	-769.02
S(菱形)	s	0.0	$S_2O_4^{2-}$	aq	-599.99
S^{2-}	aq	92.47	$S_2O_5^{2-}$	aq	-790.78
S_2^{2-}	aq	91.21	$S_2O_6^{2-}$	aq	-966.50
S_3^{2-}	aq	88.28	$S_2O_8^{2-}$	aq	-1096.21
S_4^{2-}	aq	81.17	$S_3O_6^{2-}$	aq	-958.14
S_5^{2-}	aq	57.28	$S_4O_6^{2-}$	aq	-1022.15
SO	g	53.47	HSO_4^-	aq	-752.87
SO_2	g	-300.37	H_2S	g	-33.01
SO_3	g	-370.37	H_2S	aq	-27.36
SO_3^{2-}	aq	-485.76	HS^-	aq	12.59
SO_4^{2-}	aq	-490.95	H_2SO_3	aq	-538.02
$S_2O_3^{2-}$	aq	-518.82	HSO_3^-	aq	-527.18

化学式	状态	$\Delta G^{\ominus}$	化学式	状态	$\Delta G^{\ominus}$
$Au(S_2O_3)_2^{3-}$	aq	-1049.77	$Ag(S_2O_3)^-$	aq	-507.52
Au_2S	s	4.35	$Ag(S_2O_3)_2^{3-}$	aq	-1063.57
AuS^-	aq	48.41	$Ag(S_2O_3)_3^{5-}$	aq	-1600.80
CuS	s	-48.95	$CuFeS_2$	s	-175.31
Cu_2S	s	-86.19	Fe_2S_3	s	-246.86
$CuSO_4$	s	-661.91	$FeSO_4$	s	-829.69
$CuSO_4 \cdot H_2O$	s	-917.13	$FeSO_4 \cdot 7H_2O$	s	-2497.85
$CuSO_3 \cdot 3H_2O$	s	-1399.97	$FeS(\alpha)$	s	-97.57
$CuSO_4 \cdot 5H_2O$	s	-1879.87	$FeS_2(黄铁矿)$	s	-166.69
Cu_2SO_4	s	-652.70	As_2S_3	s	-135.81
$CuS_2O_3^-$	aq	-526.611	AsS_2^-	aq	-26.78
$Cu(S_2O_3)_2^{3-}$	aq	-1057.2	Sb_2S_3	s	-133.89
$Cu(S_2O_3)_3^{5-}$	aq	-1582.8	SbS_2^-	aq	-54.39
N_2	g	0.0	NH_4^+	aq	-79.50
NO	g	86.69	HNO_2	aq	-53.64
NO_2	g	51.84	HNO_3	aq	-110.58
NO_2^-	aq	-34.52	HCN	g	120.08
NO_3^-	aq	-110.58	HCN	aq	112.13
N_2O	g	103.60	CN^-	aq	165.69
NH_3	g	-16.65	SCN^-	aq	88.70
NH_3	aq	-26.61	$CS(NH_2)_2$	aq	-38.24
$AuCN$	s	135.98	$AgCN$	s	164.01
$Au(CN)_2^-$	aq	269.45	$Ag(CN)_2^-$	aq	301.46
$Au(SCN)$	s	149.37	$Ag(SCN)$	s	97.49
$Au(SCN)_2^-$	aq	242.25	$Ag(SCN)$	aq	138.49
$Au(SCN)_4^-$	aq	540.15	$Ag(SCN)_2^-$	aq	207.53
$Au[CS(NH_2)_2]_2^+$	aq	-39.33	$Ag(SCN)_3^{2-}$	aq	289.11

续附录表

化学式	状态	$\Delta G^{\ominus}$	化学式	状态	$\Delta G^{\ominus}$
$Au(NH_3)_2^+$	aq	1.26	$Ag(SCN)_4^{3-}$	aq	376.56
$Au(NH_3)_4^{3+}$	aq	−8.37	$Ag[CS(NH_2)_2]_3^+$	aq	−112.55
$Cu(NH_3)^+$	aq	−11.72	$Ag(NH_3)_2^+$	aq	−17.41
$Cu(NH_3)_2^+$	aq	−65.27	$Cu(NO_3)_2$	s	−114.22
$Cu(NH_3)_4^{2+}$	aq	−170.71	$Cu(CN)_2^-$	aq	298.95
Cl^-	aq	−131.17	Cl_2O	g	93.72
Cl_2	g	0.0	HCl	g	−95.27
Cl_2	aq	6.90	HCl	aq	−131.17
ClO^-	aq	−37.24	$HClO$	aq	−79.96
ClO_2	g	123.43	$HClO_2$	aq	0.29
ClO_2^-	aq	11.46	$HClO_3$	aq	−2.59
ClO_3^-	aq	−2.59	$HClO_4$	aq	−10.33
ClO_4^-	aq	−10.33	$AgCl$	s	−109.70
$AuCl$	s	−17.57	$AgCl$	aq	−70.29
$AuCl_3$	s	−48.53	$AgCl_2^-$	aq	−212.13
$AuCl_2^-$	aq	−150.54	$AgCl_3^{2-}$	aq	−345.18
$AuCl_4^-$	aq	−235.14	$AgCl_4^{3-}$	aq	−481.16
$CuCl$	s	−117.99	$FeCl^{2+}$	aq	−150.21
$CuCl_2$	s	−175.73	$FeCl_2$	s	−302.08
$CuCl_2^-$	aq	−242.25	$FeCl_3$	s	−336.39
$AsCl_3$	g	−286.60	$SbCl_3$	s	−327.76
$AsCl_3$	l	−294.97	$SbCl_3$	g	−302.50
$TeCl_4$	s	−237.23	$TeCl_6^{2-}$	aq	−574.88
Br^-	aq	−102.80	BrO_3^-	aq	20.92
Br_2	g	3.14	HBr	g	−53.22
Br_3^-	l	0	$HBrO$	aq	−83.26
Br_3^-	aq	−105.73	$BrCl$	g	−0.88

化学式	状态	$\Delta G^{\ominus}$	化学式	状态	$\Delta G^{\ominus}$
BrO	aq	-33.47	AgBr	s	-95.94
AuBr	s	-15.48	AgBr	aq	-49.37
AuBr$_3$	s	-24.69	AgBr$_2^-$	aq	-169.08
AuBr$_2^-$	aq	-113.39	AgBr$_3^{2-}$	aq	-276.69
AuBr$_4^-$	aq	-159.41	AgBr$_4^{3-}$	aq	-384.84
CuBr	s	-99.62	FeBr^{2+}	aq	-116.73
CuBr$_2^-$	aq	-189.12	FeBr$_2$	s	-237.65
AsBr$_3$	s	-160.25	SbBr$_3$	s	227.61
I$^-$	aq	-51.67	ICl	g	-5.52
I$_2$	g	19.37	ICl	s	-13.56
I$_2$	s	0	ICl	aq	-16.74
I$_2$	aq	16.44	ICl$_2$	aq	-160.46
I$_3^-$	aq	-51.51	ICl$_3$	s	-22.59
HI	g	1.30	IBr	g	3.81
IO$^-$	aq	-35.56	IBr	aq	-3.77
HIO	aq	-98.32	IBr$_2^-$	aq	-121.21
IO$_3^-$	aq	-134.93	AgI	s	-66.32
AuI	s	-3.18	AgI	aq	-19.41
AuI$_2^-$	aq	-47.99	AgI$_2^-$	aq	-87.15
AuI$_4^-$	aq	-41.00	AgI$_3^{2-}$	aq	-154.81
CuI	s	-69.54	AgI$_4^{3-}$	aq	-210.16
CuI$_2$	s	-23.85	FeI$_2$	s	-129.29
CuI$_2^-$	aq	-102.93	SbI$_3$	s	-94.14
Cu(IO$_3$)$_2$	s	-244.35	AsI$_3$	s	-44.52

参 考 文 献

[1] 黄礼煌. 金银提取技术 [M]. 北京：冶金工业出版社，2003.

[2] 台明青，唐红雨，李祎，等. 金矿废水和尾矿中氰化物的处理研究进展 [J]. 中国资源综合利用，2007，25（2）：22~25.

[3] 邢相栋，兰新哲，宋永辉，等. 氰化法提金工艺中"三废"处理技术 [J]. 黄金，2008，29（12）：55~61.

[4] 姜涛. 含铜金矿提金工艺及其理论研究 [D]. 长沙：中南工业大学，1990，12.

[5] 张金钟. 东北寨难处理金矿的特性及其提金工业研究 [D]. 北京：北京有色金属研究总院，1991.

[6] 方兆珩，李希明. 中国金矿研究新进展. 北京：冶金工业出版社，1996：155~167.

[7] 卢宜源，宾万达. 贵金属冶金学 [M]. 长沙：中南工业大学出版社，1990：88~90.

[8] 姜涛. 提金化学 [M]. 长沙：湖南科学技术出版社，1998.

[9] 崔毅琦，王凯，孟奇，等. 含砷难处理金矿提金工艺的研究现状 [J]. 矿冶，2015（1）：31~34.

[11] 张晓飞，柴立元，王云燕. 硫脲浸金新进展 [J]. 湖南冶金，2003，31（6）：3~7.

[12] 张静，兰新哲，宋永辉，等. 酸性硫脲法提金的研究进展 [J]. 贵金属，2009，30（2）：75~82.

[13] 马龙. 吉林某难处理含铜金精矿硫脲浸金试验研究 [J]. 矿产综合利用，2011（4）：18~21.

[14] 刘建，闫英桃，曹成东. 一种新的添加剂（Re-1）在硫脲浸金中的应用 [J]. 贵金属，2001，22（2）：20~24.

[15] 何桂春，吴艺鹏，冯金妮. 含金硫精矿焙烧除砷选铁-硫脲法提金试验研究 [J]. 矿冶工程，2012，32（5）：62~66.

[16] 和晓才，谢刚，李怀仁，等. 用加压氧化-硫脲浸出法从滇西低品位金矿石中回收金 [J]. 湿法冶金，2012，31（2）：99~101.

[17] 吴国元，王友平，陈景. 高砷金精矿氧化焙烧焙砂和真空蒸馏脱砷焙砂的硫脲浸出研究 [J]. 黄金，2004，25（10）：34~36.

[18] 夏青，尹艳芬，聂锦霞，等. 某含硫砷难处理金矿提金工艺试验研究 [J]. 矿产综合利用，2007（5）：3~6.

[19] 念保义，郑炳云. 超声波强化硫脲提金的研究 [J]. 化学工程师，2001（4）：11~14.

[20] 曾亮，李仲英，贺周初，等. 低品位铁锰型金银矿的硫脲浸出研究 [J]. 贵金属，2008，29（4）：16~19.

[21] 龙怀中. 硫脲浸金过程中亚硫酸的促进作用 [J]. 有色金属：选矿部分，2002（5）：1~4.

[22] 孙彩兰，田桂芝，夏禹，等. 硫脲碳浆法处理浮选金精矿工艺研究 [J]. 贵金属，2007，28（1）：1~4.

[23] 周源. 某金矿石浮选-硫脲炭浸综合回收金银铜硫的工艺试验研究 [J]. 黄金，2002，23（2）：41~43.

［24］胡小玲，张生，张新丽，等．NKC-9 大孔强酸性树脂富集硫脲金［J］．化学研究与应用，2003，15（4）：561~563.

［25］王爱萍，钟宏，王帅，等．聚酯无纺布浸渍聚酯基硫脲树脂对 Au（Ⅲ）的吸附行为［J］．应用化学，2008，25（10）：1134~1137.

［26］杨汉国，李姗姗，李翠芹．硫脲浸金溶液中金的分离富集与回收［J］．贵州工业大学学报：自然科学版，2005，34（1）：60~63.

［27］朱萍，古国榜，贾宝琼．P507 从酸性硫脲浸金液中回收金［J］．过程工程学报，2002，2（2）：142~145.

［28］郑粟，王云燕，柴立元．基于配位理论的碱性硫脲选择性溶金机理［J］．中国有色金属学报，2005，15（10）：1629~1635.

［29］柴立元，Masazumi Okido．Na$_2$SO$_3$ 加速碱性硫脲溶液溶金的机理初探［J］．湖南有色金属，2001，17（2）：21~23.

［30］王云燕，柴立元，闵小波，等．Na$_2$SiO$_3$ 对碱性硫脲溶液选择性溶金的影响［J］．中南工业大学学报：自然科学版，2003，34（6）：611~614.

［31］胡杨甲，贺政，赵志强，等．非氰浸金技术发展现状及应用前景［J］．黄金，2018，39（4）：53~57.

［32］金创石，张廷安，曾勇，等．液氯化法从难处理金精矿加压氧化渣中浸金的研究［J］．稀有金属材料与工程，2012，41（增刊2）：569~572.

［33］文政安，文乾．低氰溴化法在低品位金矿石堆浸工业生产中的应用［J］．黄金，2010，31（2）：41~44.

［34］李桂春，卢寿慈．含炭难处理金矿石碘法浸出［J］．北京科技大学学报，2003，25（6）：501~503.

［35］徐渠．碘化法从废弃印刷线路板中提取金的研究［D］．沈阳：东华大学，2008，11.

［36］李绍英．含铜难处理金矿碘化浸出工艺及机理研究［D］．北京：北京科技大学，2014，10.

［37］陈伟．高砷含金硫精矿微波预处理提金的研究［D］．衡阳：南华大学，2015，5.

［38］傅平丰，孙春宝，康金星，等．石硫合剂法浸金的原理、稳定性及应用研究进展［J］．贵金属，2012，33（2）：67~70.

［39］周丹桂，宋旭俊，宋摇涛．一种新型无氰提金工艺［J］．云南冶金，2017，46（4）：49~53.

［40］袁喜振，李绍英，赵留成，等．含铜难处理金矿选择性浸出试验研究［J］．中国科技论文，2014，9（3）：351~354.

［41］陈江安，周源．石硫合剂浸金的研究［J］．南方冶金学院学报，2005，26（3）：74~77.

［42］李晶莹，黄璐．石硫合剂法浸取废弃线路板中金的试验研究［J］．黄金，2009，30（10）：48~51.

［43］冯杰，傅平丰，杨天．某金矿石的改性石硫合剂法浸金研究［J］．黄金科学技术，2016，24（1）：102~106.

［44］刘有才，彭彬江，林清泉，等．某氰化渣的改性石硫合剂法浸金研究［J］．贵金属，2016，37（1）：11~14.

[45] 刘有才, 朱忠泗, 符剑刚, 等. 某金矿石的石硫加碱催化合剂法浸金研究 [J]. 稀有金属, 2013, 37 (1): 123~129.

[46] 张秋利. 含硫试剂提金研究——改性石硫合剂体系及其浸金工艺研究 [D]. 西安: 西安建筑科技大学, 2000, 6.

[47] 周军, 兰新哲, 宋永辉. 改性石硫合剂浸金试剂稳定性研究 [J]. 稀有金属, 2008, 32 (4): 531~535.

[48] Aylmore M G, Muir D M. Thiosulfate leaching of gold-A review [J]. Minerals Engineering, 2001, 14 (2): 135~174.

[49] Abbruzzese C, Fornyari P, Massidda R, et al. Thiosulphate leaching for gold hydrometallurgy [J]. Hydrometallurgy, 1995, 39: 265~276.

[50] Muir D M, Alymore M G. Thiosulphate as an alternative to cyanide for gold processing-issues and impediments [J]. Trans. Inst. Min. Metall, 2004, 113: 2~12.

[51] Byerley J J, Fouda S, Rempel G L. Activation of copper (II) ammine complexes by molecular oxygen for the oxidation of thiosulfate ions [J]. Journal of Chemical Society: Dalton transactions, 1975, 1329~1338.

[52] Byerley J J, Fouda S, Rempel G L. The oxidation of thiosulfate in aqueous ammonia by copper (II) oxygen complexes [J]. Inorganic Nuclear Chemistry Letters, 1973, 9: 879~883.

[53] Aylmore M G. Treatment of a refractory gold-copper sulfide concentrate by copper-ammoniacal-thiosulfate leaching [J]. Minerals Engineering, 2001, 14 (6): 615~637.

[54] Wan R Y, Brierley J A. Thiosulfate leaching following biooxidation pretreatment for gold recovery from refractory carbonaceous-sulfidic ore [J]. Mining Engineering, 1997, 76: 76~80.

[55] Langhans J W, Lei K P V, Carnahan T G. Copper-catalysed thiosulfate leaching of low grade gold ores [J]. Hydrometallurgy, 1992, 29: 191~203.

[56] Langhans J W, Lei K P V, Carnahan T G. Copper-catalysed thiosulfate leaching of low grade gold ores [J]. Hydrometallurgy, 1992, 29: 191~203.

[57] 姜涛, 许时, 陈荩, 等. 硫代硫酸盐提金理论研究——浸金的化学及热力学原理 [J]. 黄金, 1992, 13 (2): 31~35.

[58] Hiskey J B, Atluri V P. Dissolution Chemistry of Gold and Silver in Different Lixiviants [J]. Mineral Processing and Extractive Metallurgy Review, 1988, 4 (1): 95~134.

[59] 姜涛, 许时, 陈荩. 硫代硫酸盐提金理论研究——金的阳极溶解 [J]. 黄金, 1991, 12 (9): 41~45.

[60] 姜涛, 许时, 陈荩. 硫代硫酸盐提金理论研究——金的阴极过程及浸金机理 [J]. 黄金, 1991, 12 (10): 32~37.

[61] 李玉玲, 张文阁. 含铜金精矿硫代硫酸盐炭浆法提金的研究 [J]. 有色矿冶, 1991 (3): 6.

[62] 吴阳红. 硫代硫酸盐法提取银 [J]. 有色矿冶, 2000 (5): 28~30.

[63] 汤国庆, 姜毅, 谈建安, 等. 难浸碳质金矿中金的浸出研究 [J]. 黄金科学技术, 2003, 11 (5): 23~27.

[64] Byerley J J, Fouda S, Rempel G L. Kinetics and mechanism of the oxidation of thiosuflate ions

by copper（Ⅱ）ions in aqueous ammonia solution［J］. Journal of Chemical Society：Dalton Transactions, 1973, 889~893.

［65］Qian G, Jiexue H, Cao C X. Kinetics of gold leaching from sulfide gold concentrates with thio-sulfate solution［J］. Trans. Nonferrous Metals Society of China, 1996, 3（4）：30~36.

［66］Zhu G, Fang Z H, Chen J Y. Electrochemical studies on the mechanism of gold dissolution in thiosulfate solutions［J］. Trans. Nonferrous Metals Society of China, 1994（1）：50~53, 58.

［67］Caixia J, Qiang Y. Research and optimization of thiosulfate leaching technology of gold［J］. Rare Metals, 1991, 10（4）：275~280.

［68］Zelinsky A G, Novgorodtseva O N. EQCM study of the dissolution of gold in thiosulfate solutions ［J］. Hydrometallurgy, 2013, 138（6）：79~83.

［69］Jeffrey M I, Watling K, Hope G A, et al. Identification of surface species that inhibit and pas-sivate thiosulfate leaching of gold［J］. Minerals Engineering, 2008, 21（6）：443~452.

［70］Wood R, Hope G A, Watling K M, et al. A Spectrochemical Study of Surface Species Formed in the Gold/Thiosulfate System［J］. Journal of The Electrochemical Society, 2006, 153 （7）：D105.

［71］刘克俊, 李剑虹, 李长根, 等. 用硫代硫酸盐溶液浸出和回收金［J］. 国外金属矿选矿, 2005（3）：10~15.

［72］Gamini Senanayake. Role of copper（Ⅱ）, carbonate and sulphite in gold leaching and thiosul-phate degradation by oxygenated alkaline non-ammoniacal solutions［J］. Minerals Engnieering, 2005（18）：409~426.

［73］项朋志, 刘琼, 黄遥, 等. 硫代硫酸盐浸金体系中铜氨影响研究［J］. 化学与生物工程, 2017, 34（12）：14~16.

［74］Senanayake G. Analysis of reaction kinetics speciation and mechanism of gold leaching and thio-sulfate oxidation by ammoniacal copper（Ⅱ）solutions［J］. Hydrometallurgy, 2004, 75：55~75.

［75］崔毅琦. 无氨硫代硫酸盐法浸出硫化银矿的工艺和机理研究［D］. 昆明：昆明理工大学, 2009.

［76］字富庭, 何素琼, 胡显智, 等. 硫代硫酸盐浸金中硫代硫酸盐稳定性研究状况［J］. 矿冶, 2012, 21（3）：33~38.

［77］Karlin K D, Zubieta J. Copper coordination chemistry：biochemical & inorganic perspectives ［M］. Adenine Press, 1983.

［78］Breuer P L, Jeffrey M I. Copper catalysed oxidation of thiosulfate by oxygenin gold leach solu-tions［J］. Minerals Engineering, 2003（16）：21~30.

［79］Zhang S, Nicol M J. An electrochemical study of the dissolution of gold in thiosulfate solu-tions. Part Ⅱ. Effect of Copper［J］. Journal of Applied Electrochemistry, 2005, 35（3）：339~345.

［80］张艮林, 童雄, 徐晓军. 氨性硫代硫酸盐浸金体系中氧化剂选择探讨［J］. 金属矿山, 2005（11）：31~33.

［81］陈苊, 姜涛. 硫代硫酸盐浸金电化学研究：（Ⅰ）金的阳极溶解行为及机理［J］. 中南

矿冶学院学报，1993（2）：169~173.

[82] Zhu Guocai, et al. Electrochemical studies on the mechanism of gold dissolution in thiosulfate solution [J]. Transactions of Nonferrous Metals Society of China, 1994 (1)：50~53.

[83] 许姣，胡显智，杨朋，等. 氨性硫代硫酸盐体系中金溶解过程的腐蚀电化学行为 [J]. 昆明理工大学学报（自然科学版），2015（2）：123~129.

[84] 姜涛，杨永斌. 催化浸金电化学基础与技术 [M]. 长沙：中南大学出版社，2011.

[85] 陈苠，姜涛，许时. 硫代硫酸盐浸金电化学研究（Ⅰ）金的阳极溶解行为及机理 [J]. 中南矿冶学院学报，1993，24（2）：169~173.

[86] Baron J Y, Mirza J, Nicol E A, et al. SERS and electrochemical studies of the gold–electrolyte interface under thiosulfate based leaching conditions [J]. Electrochimica Acta, 2013, 111 (6)：390~399.

[87] 薛丽华，童雄. 铜、金浸出过程中铜氨配合物的作用机理 [J]. 湿法冶金，2008，27 (1)：10~14.

[88] 许姣. 胺性硫代硫酸盐浸金电化学机理研究 [D]. 昆明：昆明理工大学，2015.

[89] 毛义春，王华. 在存在铜和氨情况下硫代硫酸盐浸出金的动力学 [J]. 国外黄金参考，2001（5）：19~24.

[90] Jeffery M I. Kinetics aspects of gold and silver leaching in ammonia thiosulfate solutions [J]. Hydrometallurgy, 2001, 60：7~16.

[91] 胡显智. 一种以乙二胺为添加剂的硫代硫酸盐提取金的方法：中国，101824545.3 [P]. 2010-09-08.

[92] 项朋志，刘琼，叶国华. 铜-乙二胺-硫代硫酸盐浸金体系中硫代硫酸盐消耗研究 [J]. 黄金，2018（3）.

[93] 字富庭，铜（Ⅱ）胺（氨）配离子在硫代硫酸盐浸金中构效关系研究 [D]. 昆明：昆明理工大学，2012.

[94] Xia C, Feng D, Deventer J S J V. Thiosulphate leaching of gold in the presence of ethylenedia-minetetraacetic acid（EDTA）[J]. Minerals Engineering, 2010, 23 (2)：143~150.

[95] 聂彦合. 多硫酸盐对硫代硫酸盐浸金过程的影响及调控研究 [D]. 昆明：昆明理工大学，2017：79~98.

[96] 项朋志，刘琼，黄遥，等. 基于硫代硫酸盐铜乙二胺浸金体系铜及乙二胺影响电化学研究 [J]. 现代矿业，2018（1）.

[97] 高鹏，唐道文，唐攒浪. 用硫代硫酸钠从某卡林型金矿石中浸出金试验研究 [J]. 湿法冶金，2017，36（1）：12~15.

[98] 韩彬，童雄，谢贤，等. 硫代硫酸盐浸金体系研究进展 [J]. 矿产资源综合利用，2015，3：11~16.

[99] 宋永辉，兰新哲. 含硫试剂提金研究的几点思考 [J]. 有色金属，2004，56（1）：67~69.

[100] Rivera I, Patio F, Roca A, et al. Kinetics of metallic silver leaching in the O_2–thiosulfate system [J]. Hydrometallurgy, 2015, 156：63~70.

[101] Jeffrey M I, Breuer P L, Chu C K. The importance of controlling oxygen addition during the

thiosulfate leaching of gold ores [J]. International Journal of Mineral Processing, 2003 (1~4), 72: 323~330.

[102] 蒋培军, 崔毅琦, 谢贤, 等. 硫代硫酸盐浸银过程中氧化剂的作用机理分析 [J]. 矿产保护与利用, 2017, 5: 29~33.

[103] 童雄, 张艮林, 普传杰. 氨性硫代硫酸盐浸金体系中硫代硫酸盐的消耗 [J]. 有色金属, 2005, 57: 69~72.

[104] 王丹. 基于控制硫代硫酸盐消耗的强化浸金研究 [D]. 长沙: 中南大学, 2013.

[105] 沈智慧, 张覃, 卯松, 等. 贵州某微细浸染型金矿硫代硫酸盐浸出试验研究 [J]. 矿冶工程, 2013, 33 (4): 85~90.

[106] 姜涛, 黄柱成, 杨永斌, 等. 硫代硫酸盐消耗规律与含铜金矿的浸出 [J]. 矿冶工程, 1996, 16 (1): 46~48.

[107] 项朋志, 叶国华. 云南某金矿硫代硫酸盐浸金工艺研究 [J]. 广州化工, 2017, 45 (5): 58~60.

[108] 周国华, 薛玉兰, 何伯泉, 等. 硫代硫酸盐浸金过程中硫代硫酸盐消耗浅探 [J]. 矿产综合利用, 2000, 5: 15~18.

[109] 李月娥, 戴厚晨, 储建华. 用硫代硫酸盐浸出贵金属的热力学分析 [J]. 贵金属, 1984, 5 (3): 10~19.

[110] Valentin Ibarra-Galvan, Alejandro Lo′pez-Valdivieso, Xiong Tong, et al. Role of oxygen and ammonium ions in silver leaching with thiosulfate - ammonia - cupric ions [J]. RARE METALS, 2014, 33 (2): 225~229.

[111] Cui Yiqi, Tong Xiong, Lopez-Valdivieso A. Silver sulfide leaching with a copper-thiosulfate solution in the absence of ammonia [J]. Rare Metals, 2011, 30: 105~109.

[112] 曹昌林, 胡洁雪, 龚乾. 低浓度硫代硫酸盐浸金 [J]. 中国有色金属学报, 1992, 2 (4): 33~36.

[113] Schippers A, Jorgensen B. Oxidation of pyrite and iron sulfide by manganese dioxide in marine sediments [J]. Geoehimica Et Cosmochimica Acta, 2001, 65: 915~922.

[114] 字富庭, 何素琼, 胡显智, 等. 硫代硫酸盐浸金中硫代硫酸盐稳定性状况研究 [J]. 矿冶, 2012, 21 (3): 33~38.

[115] 胡洁雪, 龚乾. 硫代硫酸盐提金过程中硫酸盐代替亚硫酸盐的探讨 [J]. 化工冶金, 1991, 4: 301~305.

[116] Feng D, Van Deventer J S J. Effect of sulfides on gold dissolution in ammoniacal thiosulfate medium [J]. Metallurgical and Materials Transactions B Process Metallurgy and Materials Processing Science, 2003, 34: 5~13.

[117] Xia C, Yen W T, Deschenes G. Improvement of thiosulfate stability in gold leaching [J]. Minerals & Metallurgical Processing, 2003, 20: 68~72.

[118] Feng D, Van Deventer J S J. Thiosulphate leaching of gold in the presence of ethylenediami-netetraacetic acid (EDTA) [J]. Minerals Engineering, 2010, 23: 143~150.

[119] M Aazami, G T Lapidus, Amir Azadeh. The effect of solution parameters on the thiosulfate leaching of Zarshouran refractory gold ore [J]. Mineral Processing, 2014, 131: 43~50.

[120] Feng D, Van Deventer J S J. Thiosulphate leaching of gold in the presence of carboxymethyl cellulose (CMC) [J]. Minerals Engineering, 2011, 24: 115~121.

[121] Yongbin Yang, Xi Zhang, Bin Xu, et al. Effect of arsenopyrite on thiosulfate leaching of gold [J]. Transactions of Nonferrous Metals Society of China, 2015, 25: 3454~3460.

[122] 李汝雄, 王建基, 邝生鲁. 用金的阳极溶解方法研究氯化钠在硫代硫酸盐浸金过程中的作用 [J]. 黄金, 2001, 22 (2): 28~30.

[123] Feng D, Van Deventer J S J. Thiosulphate leaching of gold in the presence of orthophosphate and polyphosphate [J]. Hydrometallurgy, 2011, 106: 38~45.

[124] Bin Xu, Yongbin Yang, Tao Jiang, et al. Improved thiosulfate leaching of a refractory gold concentrate calcine with additives [J]. Hydrometallurgy, 2015, 152: 214~222.

[125] Feng D, Van Deventer J S J. The role of amino acids in the thiosulphate leaching of gold [J]. Minerals Engineering, 2011, 24: 1022~1024.

[126] 李峰, 丁德鑫, 胡南, 等. 难处理含金硫精矿的焙烧氧化-硫代硫酸盐浸出 [J]. 中国有色金属学报, 2014, 24 (3): 831~837.

[127] 姜涛, 许时, 陈荩, 等. 含铜金矿自催化硫代硫酸盐浸金新工艺及化学原理 [J]. 有色金属, 1992, 44 (3): 30~33.

[128] 邓文, 伍荣霞, 刘志成, 等. 焙烧预氧化-硫代硫酸盐浸出某难处理金精矿 [J]. 矿冶工程, 2017, 37 (3): 114~117.

[129] 陈立乐, 王景伟, 白建峰, 等. 硫代硫酸盐法浸出废旧 IC 芯片中金的试验研究 [J]. 化工进展, 2015, 34 (3): 884~890.

[130] Andrew C Grosse, Greg W Dicinoski, Matthew J Shaw. Leaching and recovery of gold using ammoniacal thiosulfate leach liquors [J]. Hydrometallurgy, 2003, 69: 1~21.

[131] Chen J, Deng T, Zhu G, et al. Leaching and recovery of gold in thiosulfate based system—a research summary at ICM [J]. Trans. Indian Inst. Met., 1996, 49 (6): 841~849.

[132] Choo W L, Jeffrey M I. An electrochemical study of copper cementation of gold (Ⅰ) thiosulfate [J]. Hydrometallurgy, 2004, 3~4 (71): 351.

[133] Arima H, Fujita T, Yen W T. Gold cementation fromammonium thiosulfate solution by zinc, copper and aluminium powders [J]. Materials Transactions, 2002, 3 (43): 485.

[134] Karavasteva M. Kinetics and deposit morphology of gold cemented on magnesium, aluminum, zinc, iron and copper from ammonium thiosulfate-ammonia solutions [J]. Hydrometallurgy, 2010, 1 (104): 119.

[135] 李永芳. 置换法回收硫脲和硫代硫酸盐中的金 [D]. 新乡: 河南师范大学, 2012.

[136] Brent H J, Lee J. Kinetics of gold cementation on copper in ammoniacal thiosulfate solutions [J]. Hydrometallurgy, 2003, 1~3 (69): 45.

[137] Ravaglia R, Barbose-filho O. Zinc powder cementation of gold from ammoniacal thiosulfate solution [J]. Hyhro and Biohydrometallurgy, 1999, 6 (A): 41.

[138] Guerra E, Dreisinger D B. A study of the factors affecting copper cementation of gold from ammoniacal thiosulfate solution [J]. Hydrometallurgy, 1999, 2 (51): 155.

[139] Grosse A C, Dicinoski G W, Shaw M J, et al. Leaching and recovery of gold using ammonia-

cal thiosulfate leach liquors (a review) [J]. Hydrometallurgy, 2003, 69: 1~21.

[140] Navarro P, Alvarez R, Vargas C, et al. On the use of zinc for gold cementation from ammoni-acal-thiosulphate solutions [J]. Minerals Engineering, 2004, 6 (17): 825.

[141] 王治科, 李娟, 李永芳. 乙二胺四乙酸二钠对铜粉置换硫代硫酸盐金的影响 [J]. 有色金属 (冶炼部分), 2013 (3): 44~46.

[142] Zhao J, Wu Z C, Chen J Y. Extraction of gold from thiosulfate solutions with alkyl phosphorus esters [J]. Hydrometallurgy, 1997, 46: 363~372.

[143] Zhao J, Wu Z, Chen J. Extraction of gold from thiosulfate solutions using amine mixed with neutral donor reagents [J]. Hydrometallurgy, 1998, 48: 133~144.

[144] 黄万抚, 王淀佐, 胡永平. 硫代硫酸盐浸金理论及实践 [J]. 黄金, 1998 (9): 34~36.

[145] Zhao J, Wu Z C, Chen J Y. Extraction of gold from thiosulfate solutions with alkyl phosphorus esters [J]. Hydrometallurgy, 1997, 46: 363~372.

[146] Liu Kejun, Wan Taiyen, Atsushi S, et al. Gold extraction from thiosulfate solution using tri-octylmethylammonium chloride [J]. Hydrometallurgy, 2004, 73: 41~53.

[147] Zhao J, Wu Z, Chen J. Extraction of gold from thiosulfate solutions using amine mixed with neutral donor reagents [J]. Hydrometallurgy, 1998, 48: 133~144.

[148] Zhao J, Wu Z, Chen J. Gold extraction from thiosulfate solutions using mixed amines [J]. Solv. Extr. Ion Exch. , 1998, 16 (6): 1407~1420.

[149] Zhao J, Wu Z, Chen J. Solvent extraction of gold in thiosulfate solutions with amines [J]. Solv. Extr. Ion Exch, 1998, 16 (2): 527~543.

[150] Zhao J, Wu Z, Chen J. Separation of gold from other metals in thiosulfate solutions by solvent extraction [J]. Sep. Sci. Technol. , 1999, 34 (10): 2061~2068.

[151] 刘克俊, 李剑虹, 李长根. 用硫代硫酸盐溶液浸出和回收金 [J]. 国外金属矿选矿, 2005 (3): 10~15.

[152] Navarro P, Vargas C, Alonso M, et al. Towards a more environmentally friendly process for gold: models on gold adsorption onto activated carbon from ammoniacal thiosulfate solutions [J]. Desalination, 2007, 211 (1): 58~63.

[153] Gallagher N P, Hendrix J L, Milosavljevic E B, et al. The affinity of carbon for gold comple-xes: dissolution of finely disseminated gold using a flow electrochemical cell [J]. J. Electrochem. Soc. , 1989, 136 (9): 2546~2551.

[154] Gallagher N P, Hendrix J L, Milosavljevic E B, et al. Affinity of activated carbon towards some gold (I) complexes [J]. Hydrometallurgy, 1990, 25: 305~316.

[155] Degenkolb D J, Scobey F J. Silver recovery from photographic wash waters by ion exchange [J]. SMPTE J. , 1977, 86 (2): 65~68.

[156] Lasko C L, Hurst M P. An investigation into the use of chitosan for the removal of soluble silver from industrial wastewater [J]. Environ. Sci. Technol. , 1999, 33 (20): 3622~3626.

[157] Mina R. Silver recovery from photographic effluents by ionexchange methods. J. Appl [J].

参 考 文 献 · 161 ·

Photogr. Eng. , 1980, 6 (5): 120~125.

[158] Cooley A C. Ion-exchange silver recovery for process EP-2 with nonregenerated bleach-fix [J]. J. Appl. Photogr. Eng. , 1981, 7 (4): 106~110.

[159] Thomas K G, Fleming C, Marchbank A Ret. Gold recovery from refractory carbonaceous ores by pressure oxidation, thiosulfate leaching and resin-in-pulp adsorption: US, 5785736 [P]. 1998-07-28.

[160] Zhang Hongguang, David B. The recovery of gold from ammoniacal thiosulfate solutions containing copper using ion exchange resin columns [J]. Hydrometallurgy, 2004, 72: 225~234.

[161] 赖才书. 硫代硫酸盐浸金溶液中金的分析及回收 [D]. 昆明: 昆明理工大学, 2011.

[162] 王昌. 银 [J]. 中国贵金属, 2006 (9): 31~33.

[163] 戴自希, 马江芬. 世界银矿资源潜力和可供性分析 [J]. 国土资源科技进展, 2000 (6): 1~13.

[164] 我国白银总保有储量为11.65万吨 [J]. 黄金, 2006, 27 (4): 57.

[165] 杨秀华, 王少波. 世界银矿资源及主要银矿床特征 [J]. 地质与勘探, 1990, 26 (12): 1~4.

[166] 柳正, 程锦翔. 我国白银供需状况及发展趋势 [J]. 国土资源, 2003 (4): 62~63.

[167] 杨兆才. 我国银矿资源结构特点与找矿前景的预测 [J]. 矿产与勘查, 1989 (4): 54~58.

[168] Lodejščikov, Ignateva I D. Processing of Silver Bearing Ores [J]. Nedra, Moscow (1973) (Russian), 224.

[169] Liu G Q, Yen W T. Effects of sulphide minerals and dissolved oxygen on the gold and silver dissolution in cyanide solution [J]. Minerals Engineering, 1995 (8): 111~123.

[170] Habashi F. Kinetics and mechanism of gold and silver dissolution in cyanide solution. Montana Bureau of Mines Geological Bulletin [J]. No. 1967 (59): 42.

[171] Zhang Y, Fang Z h, Mamoun Muhammed. On the solution chemistry of cyanidation of gold and silver bearing sulphide ores. A critical evaluation of thermodynamic calculations [J]. Hydrometallurgy, 1997, 46: 251~269.

[172] Luna R M, Lapidus G T. Cyanidation kinetics of silver sulfide [J]. Hydrometallurgy, 2000, 56: 171~188.

[173] Aghamirian M M, Yen W T. A study of gold anodic behavior in the presence of various ions and sulfide minerals in cyanide solution [J]. Minerals Engineering, 2005 (18): 89~102.

[174] Liu G Q, 张登福. 硫化矿物和溶解氧对氰化物溶液中金和银溶解速度的影响 [J]. 新疆有色金属, 1997 (1): 18.

[175] Luthy R G, Bruce S G. Kinetics of reaction of cyanide and reduced sulfur species in aqueous solution [J]. Environmental Science & Technology, 1979 (13): 1481~1487.

[176] Xue T, Osseo-Asare K. Heterogeneous equilibria in the Au-CN-H_2O and Ag-CN-H_2O system [J]. Metallurgical Transactions B: Process metallurgy 1985, 16B (3): 455~463.

[177] Lorenzen L, Van Deventer J S J. Electrochemical interaction between gold and its associated minerals during cyanidation [J]. Hydrometallurgy, 1992, 30: 177.

［178］ Lapidus G. Unsteady-state model for gold cyanidation on a rotating disk ［J］. Hydrometallurgy, 1995 (39): 251~263.

［179］ Luna-Sanchez R M. A comparative study of silver sulfides oxidation in cyanide media ［J］. Journal of the Electrochemical Society, 2003 (8): 155~161.

［180］ Almeid M F, Amarante M A. Leaching of a silver bearing sulphide by-product with cyanide, thiourea and chloride solutions ［J］. Minerals Engineering, 1995, 8 (3): 257~271.

［181］ 吴争平, 尹周澜, 黄开国, 等. 辉银矿在硫脲体系中浸出银的热力学分析 ［J］. 贵金属, 2000, 21 (4): 29~33.

［182］ 黄开国, 胡天觉. 硫脲法从锌的酸浸渣中回收银 ［J］. 中南工业大学学报, 1998, 29 (6): 538~541.

［183］ 胡天觉, 曾光明, 陈维平, 等. 硫脲法回收炼锌废渣中的银 ［J］. 化工环保, 1999, 19 (3): 175~180.

［184］ Baláž P, Ficeriová J, Villachica C. Silver leaching from a mechanochemically pretreated complex sulfide concentrate ［J］. Hydrometallurgy, 2003, 70: 113~119.

［185］ 方兆珩. 高 Cu 硫化精矿中硫脲浸取 Au 和 Ag 的动力学 ［J］. 化工冶金, 1993, 14 (4): 319~326.

［186］ 谢颂明. 氯盐溶液处理锌热酸浸出渣回收铅银新工艺的研究 ［J］. 重有色冶炼, 1994 (1): 5~7.

［187］ Dutrizac J E. The leaching of sulphide minerals in chloride media ［J］. Hydrometallurgy, 1992, 29: 1~45.

［188］ 陆跃华, 水承静. $Ag_2S-NH_3-H_2O$ 系热力学 ［J］. 贵金属, 1995, 16 (2): 24~32.

［189］ 陆跃华, 水承静. 硫化银的氯盐浸出 ［J］. 贵金属, 1998, 19 (2): 23~27.

［190］ Limpo J L, Luis A, Gomez C. Reactions during the oxygen leaching of metallic sulphides in the CENIM-LNETI process ［J］. Hydrometallurgy, 1992, 28: 163~178.

［191］ Limpo J L, Figueiredo J M, Amer S, et al. The CENIM-LNETI process: a new process for the hydrometallurgical treatment of complex sulphides in ammonium chloride solutions ［J］. Hydrometallurgy, 1992, 28: 149~161.

［192］ Dutrizac J E. The leaching of silver sulphide in ferric ion media ［J］. Hydrometallurgy, 1994, 35: 275~292.

［193］ Benari M D, Hefter G T. The corrosion of silver and silver sulphide in halide solutions in water and dimethylsulphoxide ［J］. Hydrometallurgy, 1992, 28: 191~203.

［194］ Feng Xie, David B Dreisinger, Jianming Lu. The novel application of ferricyanide as an oxidant in the cyanidation of gold and silver ［J］. Minerals Engineering, 2008 (21): 1109~1114.

［195］ Feng Xie, David B Dreisinger. Leaching of silver sulfide with ferricyanide cyanide solution ［J］. Hydrometallurgy, 2007, 88: 98~108.

［196］ Holloway P C, Merriam K P, Etsell T H. Nitric acid leaching of silver sulphide precipitates ［J］. Hydrometallurgy, 2004, 74: 213~220.

［197］ Astrid R Jacobson, Carmen E Martinez, Matteo Spagnuolo, et al. Philippe Baveye. Reduction of silver solubility by humic acid and thiol ligands during acanthite (β-Ag_2S) dissolution

[J]. Environmental Pollution, 2005, 135: 1~9.

[198] Bolorunduro S A, Dreisingerand D B, G Van Weert. Fundamental study of silver deportment during the pressure oxidation of sulphide ores and concentrates [J]. Minerals Engineering, 2003, 16 (8): 695~708.

[199] 邱定蕃. 清洁高效的提取冶金——矿浆电解 [J]. 中国工程科学, 1999, 1 (1): 67~72.

[200] 邱定蕃. 矿浆电解 [M]. 北京: 冶金工业出版社, 1999.

[201] 张寅生, 江培海. 矿浆电解法处理复杂铅精矿工艺 [J]. 重有色金属, 1991 (5): 11.

[202] 江培海, 王含渊, 孟杰, 等. 矿浆电解法处理复杂银精矿 [J]. 有色金属 (冶炼部分), 1999, 51 (1): 31~33.

[203] 王维熙, 罗建平, 李利军. 矿浆电解法从复杂银精矿中提取银的研究 [J]. 中国有色冶金, 2006 (3): 43~45.

[204] 王维熙, 罗建平, 李利军. 矿浆电解法浸出多金属硫化矿中银的工艺条件探讨 [J]. 桂林工学院学报, 2006, 26 (3): 381~384.

[205] 王维熙, 罗建平. 矿浆电解法提取银精矿中有价金属 [J]. 有色金属 (冶炼部分), 2006 (4): 28~31.

[206] Ellen Molleman, David Dreisinger. The treatment of copper-gold ores by ammonium thiosulfate leaching [J]. Hydrometallurgy, 2002, 66: 1~21.

[207] Zipperian D, Raghavan S, Wilson J P. Gold and silver extraction by ammoniacal thiosulphate leaching from rhyolite ore [J]. Hydrometallurgy, 1988, 19: 361~375.

[208] 龚乾, 胡洁雪. 硫酸根存在下硫代硫酸盐溶液浸取硫化金精矿中银的动力学研究 [J]. 中国有色金属学报, 1994, 4 (3): 32~35.

[209] 龚乾, 胡洁雪. 硫酸根存在下硫代硫酸盐溶液浸取硫化金精矿中金的动力学研究 [J]. 中国有色金属学报, 1994, 4 (1): 16~20.

[210] 童雄, Valdivieso A L. 绿色新技术硫代硫酸盐法浸出墨西哥某低品位、难处理金矿石的研究 [J]. 有色金属 (选矿部分), 2002 (4): 42~45.

[211] Briones R, Lapidus G T. The leaching of silver sulfide with the thiosulfate-ammonia-cupric ion system [J]. Hydrometallurgy, 1998, 50: 243~260.

[212] Flett D S, Derry R, Wilson J C. Chemical study of thiosulfate leaching of silver sulfide [J]. Transactions of the Institute of Mining and Metallurgy (Section C: Mineral Process). Extractive Metallurgy, 1983, 92: 216~222.

[213] Li J, Miller J D, Wan R Y, et al. The ammoniacal thiosulfate system for precious metal recovery [J]. Proceedings of 19th International Mineral Processing Congress, 1995: 37~42.

[214] Sevda Ayata, Huseyin Yildiran. Optimization of extraction of silver from silver sulphide concentrates by thiosulphate leaching [J]. Minerals Engineering, 2005, 18: 898~900.

[215] 杨显万, 张英杰. 矿浆电解原理 [M]. 北京: 冶金工业出版社, 2000: 20~24.

[216] 周国华, 李焕然, 容庆新. 室温下用氨性硫代硫酸盐从含铜金精矿中浸出金 [J]. 矿产综合利用, 1999 (5): 15~18.

[217] 曹昌琳, 胡洁雪, 龚乾. 含铜硫化金矿浸取的矿物学研究 [J]. 中国有色金属学报, 1994 (1): 21~24.

[218] 龚乾, 胡洁雪. 硫代硫酸盐法处理含铜硫化金精矿 [J]. 化工冶金, 1990 (2): 45~50.

[219] Feng D, van Deventer J S J. The role of oxygen in thiosulphate leaching of gold [J]. Hydrometallurgy, 2007, 85 (2~4): 193~202.

[220] 童雄, 张艮林. 硫代硫酸盐浸金过程的热力学判据 [J]. 有色金属 (季刊), 2004, 56 (3): 38~40.

[221] 王政德. 氨性硫代硫酸盐对提高低品位金浸出率的实验研究 [J]. 黄金, 1995 (2): 42~45.

[223] 杨显万, 邱定蕃. 湿法冶金 [M]. 北京: 冶金工业出版社, 2001.

[224] 华一新. 冶金过程动力学导论 [M]. 北京: 冶金工业出版社, 2004: 188~228.

[225] 高庆宇, 孙康, 赵跃民, 等. pH探针在亚氯酸盐—硫代硫酸钠非线性反应体系研究中的应用 [J]. 化学学报, 2001, 59: 890.

[226] Gao Q Y, An Y L, Wang J C. A transition from propagating fronts to target patterns in the hydrogen peroxide – sulfite – thiosulfate medium [J]. Phys. Chem. Chem. Phys., 2004, 6, 5389~5395.

[227] Brevett C A S, Johnson D C. Anodic Oxidations of Sulfite, Thiosulfate, and Dithionite at Doped PbO_2-Film Electrodes. J. Electrochem. Soc, 1992, 139: 1314~1322.

[228] Feng J, Johnson D C, Lowery S N. Oxidation of Thiosulfate to Sulfate at Glassy Carbon Electrodes. J. Electrochem. Soc, 1995, 142: 2618~2627.

[229] Gao Qingyu, Wang Yaomin, Wang Guichang, et al. Nonlinear chemical reaction between $Na_2S_2O_3$ and Peroxide compound [J]. Sceince in China B, 1997, 40 (2): 150~161.

[230] Zhang Hongguang, Dreisinger D B. The kinetics for the decomposition of tetrathionate in alkaline solutions [J]. Hydrometallurgy, 2002, 66 (1~3): 59~65.

[231] 姜涛, 许时, 陈蒽, 等. 硫代硫酸盐提金理论研究——硫代硫酸根离子的阳极氧化 [J]. 黄金, 1991, 12 (12): 25~28.

[232] 徐良芹, 杜占合, 冯加民, 等. 硫代硫酸盐在铂电极上的电化学氧化行为 [J]. 物理化学学报, 2005, 21 (12): 1422~1425.

[233] 田昭武. 电化学研究方法 [M]. 北京: 科学出版社, 1984: 2~9.

[234] A J 巴德, L R 福克纳. 电化学方法原理及应用 [M]. 北京: 化学工业出版社, 1988: 557~616.

[235] 周伟舫. 电化学测量 [M]. 上海: 上海科学技术出版社, 1985: 11~23.